Das 1x1 für Gespannfahrer

Grundlagenwissen über Krafträder mit Beiwagen

Martin Franitza · Bernhard Götz · Axel Koenigsbeck · Wolfgang Lorenz

HEEL

HEEL Verlag GmbH
Gut Pottscheidt
53639 Königswinter
Telefon 0 22 23 / 92 30-0
Telefax 0 22 23 / 92 30 26
Mail: info@heel-verlag.de
Internet: www.heel-verlag.de

Verantwortlich für den Inhalt:
Bernhard Götz, Martin Franitza, Dr. Axel Koenigsbeck,
Wolfgang Lorenz

Titelfoto: Siegfried Traub

Satz und Gestaltung: Ralph Handmann, Bonn

Printed in Latvia

ISBN: 978-3-95843-586-5

Das 1 x 1 für Gespannfahrer

Grundlagenwissen über Krafträder mit Beiwagen

Martin Franitza · Bernhard Götz · Axel Koenigsbeck · Wolfgang Lorenz

HEEL

Inhalt

1. Editorial

2. Wie es begann 8

3. Gespanntechnik heute 22

4. Die Theorie zum Gespannfahren 70

5. Gespannfahren lernen 102

6. Praxistipps und Grundlagen für Einsteiger 124

Das Lexikon
„Seitenwagen, Beiwagen, beim Kraftrad ein am Rahmen seitlich angebrachtes, als Wanne oder Kasten ausgebildetes Zusatzfahrzeug mit einer nicht angetriebenen, bremsbaren Achse für Personen, Gepäck oder Güter. Der S. muß an mindestens drei Punkten an das Kraftrad angeschlossen werden. Zur besseren Lenkbarkeit müssen Kraftrad und S. einen Radsturz haben, die S-.Achse muß der Hinterachse voreilen (Vorspur)..."

Brockhaus Enzyklopädie
„Seitenwagen, Beiwagen, ein einrädriges Fahrzeug zur Personen oder Lastenbeförderung, das an Krafträder (Motorräder, seltener Motorroller) seitlich angeschlossen wird. Er besteht meist aus einem Rohrahmen und einer ungefedert aufgesetzten bootsförmigen Aufbau zur Personenbeförderung oder einem Kasten oder Pritschenaufbau für den Lastentransport. Das Seitenwagenrad ist gegen den Rahmen mit Blatt-, Schrauben,- Torsions- oder Gummifedern abgefedert..."

Die Straßenverkehrszulassungsordnung (StVZO)?
In der Straßenverkehrszulassungsordnung (StVZO) gibt es keine Seitenwagen oder Gespanne. Der Gesetzgeber kennt nur den Beiwagen. So heißt es dann auch in den Fahrzeugpapieren: Für den Beiwagenbetrieb nicht geprüft, oder, Kraftrad mit Beiwagen.

Zum Buch

Gespannfahren ist ein Abenteuer. Erfunden und entwickelt zu einer Zeit, in der weder Vorschriften noch Gesetze die Konstrukteure knebelten. Rückblickend können wir sagen: Glück gehabt! Denn, würde heute der Beiwagen zum Motorrad erfunden werden, die Zulassungsstellen fielen über den armen Erfinder her: „Unfahrbar und er (der Konstrukteur) müsste es doch besser wissen".

In der Tat. Das Motorrad mit Beiwagen unterscheidet sich in Theorie und Praxis vom motorisierten Zweirad und jeder Motorradfahrer, der einmal den Mut aufbrachte mit einem Gespann zu fahren, wird es bestätigen. Statt wie Millionen von Zweiradfahrern in Schräglage dem Lauf der Straße zu folgen, gibt es rund 40.000 Motorradfahrer, die eine außergewöhnliche Art der Motorradleidenschaft entdeckten. Sie schwören Stein und Bein darauf: Gespannfahren ist das Größte!

Steigt ein Neugieriger das erste Mal auf ein Gespann, geht eine Veränderung mit ihm vor. Er stellt beide Füße auf die Rasten und sein Gleichgewichtssinn greift ins Leere. Das Gefühl zur Fahrbahn verändert sich. Jetzt liegt es an ihm – lässt er sich darauf ein?

Ist der Gespannkäufer im Zweiradbereich gewohnt, aus den Modellvarianten eines auszusuchen, geht das Auswählen beim Gespann viel weiter. Hier spricht er direkt mit dem Konstrukteur. Er kann ganz bestimmte Fahreigenschaften verlangen und hat zudem die Möglichkeit, individuelle Fahrwerkskomponenten zu ordern. Um diese fast grenzenlose Freiheit der Wahl zu nutzen, setzt es im Gegenzug ein Grundwissen der Gespanntechnik voraus. Dieses Wissen zu vermitteln, haben sich die Autoren in diesem Buch zur Aufgabe gemacht.

Zu Beginn gibt der frühere Chefredakteur der Zeitschrift MOTORRAD-GESPANNE, Martin Franitza, einen kurzen Überblick über die Entwicklung des Motorrades mit Beiwagen.

Anhand vieler Beispiele hat der Motorjournalist Axel Koenigsbeck den aktuellen Stand der Entwicklung dokumentiert. Im Kapitel „Gespanntechnik" zeigt er die ungeheuer breite Palette der technischen Konstruktionen und Möglichkeiten.

Im dritten Kapitel versuche ich die theoretischen Grundlagen zu erklären. Hierbei stütze ich mich auf die vielfältigen Ausführungen von Edmund Peikert, der es stets verstand, komplizierte Sachverhalte verständlich zu machen. Auch wenn an mancher Stelle die physikalischen Herleitungen etwas ungenau sein mögen, liegt es daran, dass dieses Kapitel nicht für Ingenieure, sondern für ambitionierte Motorradfahrer geschrieben wurde.

Wolfgang Lorenz bringt Physik und Technik zusammen. Er zeigt uns in der „Gespannfahrschule", wie man das Fahren erlernt und die damit verbundenen Risiken möglichst vermeidet. Auch erfahrene Gespannfahrer werden hier viele nützliche Tipps finden.

Im letzten Kapitel des Buches finden Sie einen umfangreichen Serviceteil. Dieser beginnt mit der Frage: „Welches Gespann passt zu mir?", gibt Tipps und Hinweise zum Neukauf, Gebrauchtkauf und Umbau. Auch das Thema „Kinder im Seitenwagen" und „Hunde in Boot" hat in diesem Buch seinen Platz.

Lassen Sie sich darauf ein! Ich versichere Ihnen, Gespannfahren ist wunderbar.

Bernhard Götz

2. Wie es begann

Martin Franitza

Kapitelinhalt:

Abb. 2.01
Der Cartoonist G. Moore veröffentlichte in der Zeitschrift „MotorCycling", Ausgabe vom 7. Januar 1903 diese Zeichnungen.
Für ihn war die einzig wahre Lösung des Transportproblems *der Beiwagen*.
Diese Skizzen waren damit auch der Auslöser für die Erfindung des Seitenwagens.

(2) But an affection naturally sprang up between them, so he had a carrier constructed in front, thus enabling them to converse while moting.

a platonic friendship between them
ailer suited the purpose very well,
the friendship remained platonic.

oposed and been accepted, he
even more sociable means,
the contrivance a bit risky
tching an occasional kiss.

(4) The difficulty was overcome, and the problem solved, by taking off one wheel of the trailer and attaching it to his back wheel as shown.

2.1 Experimentieren und orientieren

Was war zuerst da, das Motorrad oder der Beiwagen? Den Beiwagen gab es tatsächlich schon lange bevor die ersten Motorräder über die Straßen tuckerten. Bereits 1893 hatte eine französische Zeitung einen Wettbewerb ausgeschrieben, in dem die beste Lösung für die Mitnahme eines Passagiers auf einem Fahrrad gesucht wurde. Als Gewinner krönte man einen gewissen Monsieur Bertoux, Offizier der französischen Armee. Sein Vorschlag war eine einfache Rohrkonstruktion mit einem Rad, die an die Seite des Fahrrades montiert wurde. Bertoux hatte damit den ersten Beiwagen entworfen. Eine ähnliche Erfindung von O. H. Bartlett in den Vereinigten Staaten im Jahre 1899 basierte auf dem gleichen Prinzip, konnte sich aber ebenso wenig durchsetzen.

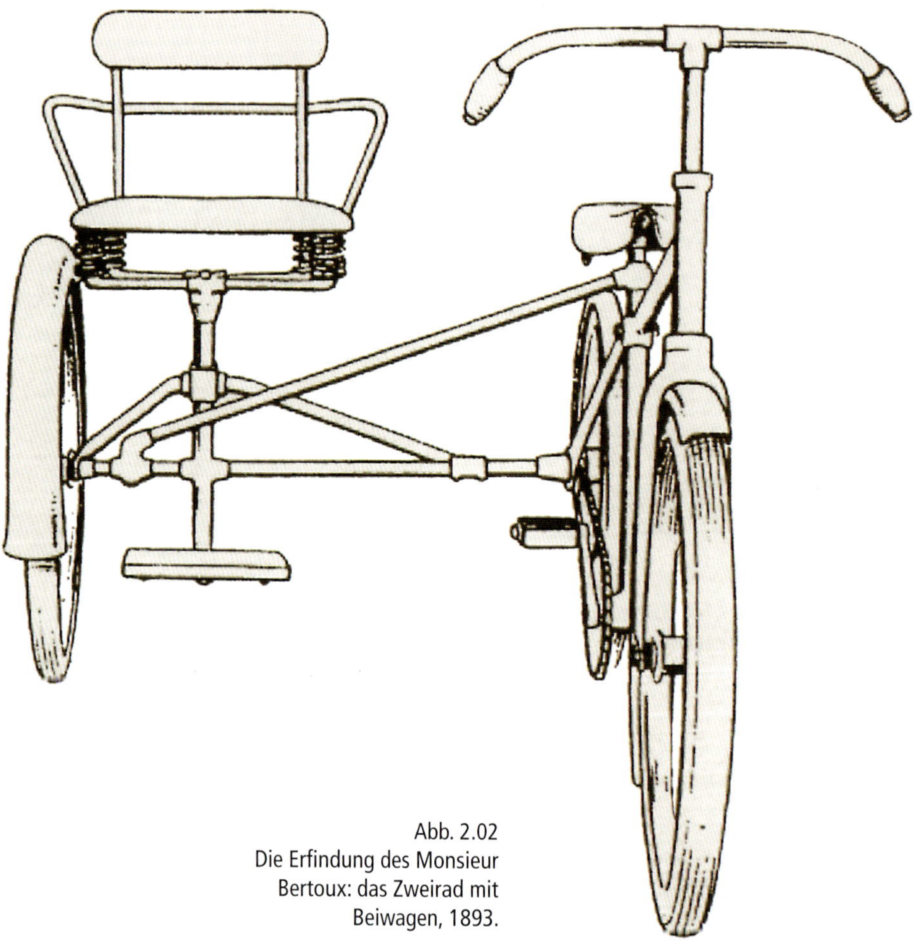

Abb. 2.02
Die Erfindung des Monsieur Bertoux: das Zweirad mit Beiwagen, 1893.

Abb. 2.03
Der Anhängerwagen: 1899 wurde auf der Internationalen Ausstellung in Berlin dem interessierten Publikum erstmals der Anhängebeiwagen vorgestellt.

Abb. 2.04
Vorsteckwagen: Die englische Firma Ariel baute 1902 das Tricycle. Stellt man sich die Straßen zur damaligen Zeit vor, durchzogen von den tiefen Spuren der Pferdefuhrwerke, teilweise übersät mit Hufnägeln, denen die Dreiräder nicht ausweichen konnten, war diesen Gespannversuchen keine Zukunft beschert.

Der offizielle Geburtstag des Motorradgespanns war im April 1903. Die Brüder William John und Sidney Charles Graham aus England ließen sich als erste das Konzept patentieren, einen Passagier an der Seite eines Motorrades zu transportieren.
Die Patentschrift beschreibt einen „neuen oder perfektionierten Anbau für Fahrräder oder Motorräder".

Schon kurze Zeit später wurden bei den Brüdern Graham einige Herren der Firma Components Ltd. vorstellig, der Muttergesellschaft der englischen Motorradfabrik Ariel. Die Rechte an dem Patent wechselten den Besitzer, und schon im Juni 1903 findet man die ersten Anzeigen für das „Liberty, sociable attachment“. Jetzt nahm die Geschichte des Beiwagens Fahrt auf. Alle Argumente sprachen für ihn:

- Einfache und kostengünstige Konstruktion.
- Schnelle Montage und dadurch sehr hohe Transportkapazität.
- Sehr preiswert im Verhältnis zum Automobil, in dem man zu jener Zeit meist „offen“ fuhr.

Kaum war der Beiwagen erfunden, gaben sich die Tüftler und Konstrukteure bei den Patentämtern die Klinke in die Hand. Für das in Rechts- und Linkskurven unterschiedliche Fahrverhalten, das Radieren des Beiwagenrades bei Kurvenfahrt und die fehlende Möglichkeit der Kurvenneigung suchten sie technische Lösungen und ließen sich die unterschiedlichsten Ideen patentieren. Viele der Konstruktionen kamen nie über das Stadium eines Versuchsfahrzeuges hinaus.

Ab 1910 war der Beiwagen aus dem Verkehrsgeschehen nicht mehr wegzudenken. Hunderte von Motorradfirmen wurden gegründet, viele davon boten auch gleich passende Seitenwagen an.

Ab 1914 überschattete der Weltkrieg Europa. Den sinnvollsten Einsatzzweck hatten Gespanne beim Roten Kreuz als Verwundetentransporter. Es gab verschiedene Ausführungen. Allen gemeinsam war eine relativ komfortabel gefederte Trage auf dem Beiwagen.

Die USA unterstützten in den ersten Kriegsjahren England und Frankreich mit Technik und Gütern. Bei Indian und Harley-Davidson legte man Sonderschichten ein, um die Militäraufträge zu erfüllen. Tausende von Gespannen kamen so nach Europa und Russland. Allein Harley-Davidson lieferte bis 1918 über 15.000 Motorräder und Gespanne; Indian über 40.000 Einheiten.

Abb. 2.05
Der klappbare Beiwagen von T. F. Watson. Die englischen Bürokraten empfanden wohl die vielen Gespanne als sehr lästig. So verboten sie das Abstellen der Gespanne bei Nacht entlang der öffentlichen Straßen. Mit dem eingeklappten Beiwagen konnten die Gespannfahrer ihre Fahrzeuge durch Haustüren, schmale Hofeinfahrten und Hühnerställe schieben und so dem Strafzettel der Polizeistreife entgehen.

Der Vertrag von Versailles besiegelte 1918 das Ende des Ersten Weltkriegs und damit vorerst auch den militärischen Einsatz von Motorrädern mit Beiwagen. Einen großen Teil ihrer Fahrzeuge ließen die US-Amerikaner zurück. Die Engländer nahmen ihre Militärgespanne wieder zurück ins Empire. Dort wurden sie repariert und von den Behörden an zivile Unternehmen oder Privatpersonen verkauft. Entlassen aus den Verpflichtungen der Kriegsindustrie, steigen die Gespannhersteller sofort wieder in das zivile Geschäft ein.

Im Gegensatz zu den Jahren nach dem späteren Zweiten Weltkrieg hatte die Industrie kaum unter Materialknappheit zu leiden. Die Produktion lief bald wieder auf vollen Touren. Bei der englischen Firma Watsonian waren alle Modelle „in stock", also sofort lieferbar. Der Aufschwung des Beiwagens war nicht mehr zu bremsen. Der Grund lag auf der Hand: Autos waren für viele noch zu teuer, Zweiräder, ob pedal- oder motorbetrieben, taugten nur eingeschränkt für den Transport von mehreren Personen und Waren. So kam es, dass jeder, der sich ein Motorrad leisten konnte, auch bestrebt war, einen Beiwagen zu montieren. Das An- und Abschrauben dauerte nur wenige Minuten.

Abb. 2.06
Damals waren die Gespanne noch nicht so schnell, so dass die mitfahrenden Damen im Boot einen Hut tragen konnten. Und Helmpflicht gab es so wie so noch nicht. Diese Aufnahme wurde in den 20er Jahren in England gemacht.

2.2 Massenproduktion und Militärgespanne

Der Beiwagenmarkt in Deutschland hatte sich bis in die 30er Jahre hinein stark bereinigt. Die Firmen Royal und Stoye und ab Mitte jenes Jahrzehnts auch Steib teilten sich den Löwenanteil.

Die Kriegsvorbereitungen des Hitler-Regimes blieben im Ausland nicht unbemerkt. Das Krad mit Beiwagen wurde von den Militärs als kleine taktische Einheit favorisiert. In Deutschland entwickelte Walter Stoye in Zusammenarbeit mit Royal und Steib den Einheitsbeiwagen BW 40. In der besonderen Gunst der Militärs stand das Gespann mit angetriebenem Beiwagenrad. Nicht nur Zündapp und BMW mussten sich den Forderungen der Militärs stellen. Auch im Ausland entstanden entsprechende Konstruktionen, mit denen die Soldaten in den Krieg zogen: FN 12 SM, Gillet Typ 750, Gnome-Rhone AX 2, Norton Big Four, Sarolea Typ 1000.

Abb. 2.07
In beiden Weltkriegen wurde das Gespann eingesetzt. Die Abbildung zeigt ein französisches Gespann aus der Fabrikation von Gnome-Rhône.

Abb. 2.08
Die schweren Militärkräder von Zündapp und BMW sind heute begehrte Sammlerstücke. Die meisten der Gespanne stehen mittlerweile in Museen.

Im Mai 1945 war der Krieg in Europa zu Ende. Auch die deutschen Beiwagenhersteller Steib, Royal und Stoye waren ausgebombt, und viele Produktionsanlagen wurden von den Siegermächten demontiert. Doch irgendwie musste es weiter gehen. Mit der Währungsreform am 20. Juni 1948 schauten auch die Beiwagenhersteller wieder hoffungsvoll in die Zukunft.
Die Motorradproduktion lief erneut an. Horex in Bad Homburg hatte für den Herbst 1948 das Modell S 350 angekündigt und bestellte bei Steib auch gleich einige Beiwagen. In den 50er Jahren bekam das Boot eine neue Bestimmung. Während in den 20ern das Gespann vornehmlich einer gut betuchten Kundschaft vorbehalten war und ab Mitte der 30er Jahre als Nutz- und Militäreinsatzfahrzeug seine Bestimmung fand, war es in den 50er Jahren ein unentbehrlicher Aufbauhelfer geworden. Die wiedergewonnene Freiheit der Bevölkerung bestärkte den Wunsch, von A nach B fahren zu können – und der angeschraubte Beiwagen sorgte für die erforderliche Transportkapazität. Das Gespann begründete die mobile Gesellschaft in vielen Ländern Europas.

Abb. 2.09
Auch die Automobilclubs fuhren Gespann. In den 50er und 60er Jahren hatten diese Fahrer mit ihren Gespannen das Image des ADAC mitgeprägt.

Der Motorrad- und Beiwagenmarkt florierte. Zündapp KS 601, BMW 500, Horex Regina waren die Aushängeschilder für den Gespannbetrieb. Die Hersteller bauten an jede Maschine einen Beiwagen. Sogar die kleinen 125er Motorräder waren teilweise schon werksseitig durch das Baukastensystem für Gespannbetrieb vorbereitet – und das mit weniger als zehn PS. Geschwindigkeit war Nebensache. Was zählte, war Vorwärtskommen. Die 200er Zündapp mit Steib LS 200er war eine Kombination, die werksseitig so ausgeliefert wurde.
Aber die Tage des Beiwagens waren gezählt. 1955 lief der einmillionste VW Käfer vom Band. Die Wirtschaftswunder-Gesellschaft in Westdeutschland stieg auf vier Räder um. Das Gespann als Zweckfahrzeug hatte hier ausgedient. In der DDR dagegen blieb das Gespann bis 1990 in vielen Fällen ein unverzichtbares Beförderungsmittel.

Abb. 2.10
Legendär: der von Stoye Ende der 50er Jahre entwickelte Elastic-Beiwagen. Heutzutage, nach 60 Jahren, bieten viele aktuelle Seitenwagen nicht den Federungskomfort dieser Elastik-Baureihe.

In den 1960er Jahren bekamen die Motorräder in der Bundesrepublik mehr und mehr ein Arme-Leute-Image. Nur mit einem Auto vor der Haustüre hatte man in der neuen Bundesrepublik gesellschaftliches Ansehen. Die Autoindustrie pflegt bis heute diese Neidkultur. Doch eine kleine Schar Unentwegter hielt mit Enthusiasmus am Motorradgespann fest. Es waren, wie kann es anders sein, die Windgesichter und so genannten Elefantentreiber, für die ein Gespann nicht nur Mittel zum Zweck war, sondern eine gelebte Passion.

Abb. 2.11
Inovation in den 70er Jahren: Zeichnungen vom Felber-Sport-Seitenwagen. Doch die Zeit war noch nicht reif dafür.

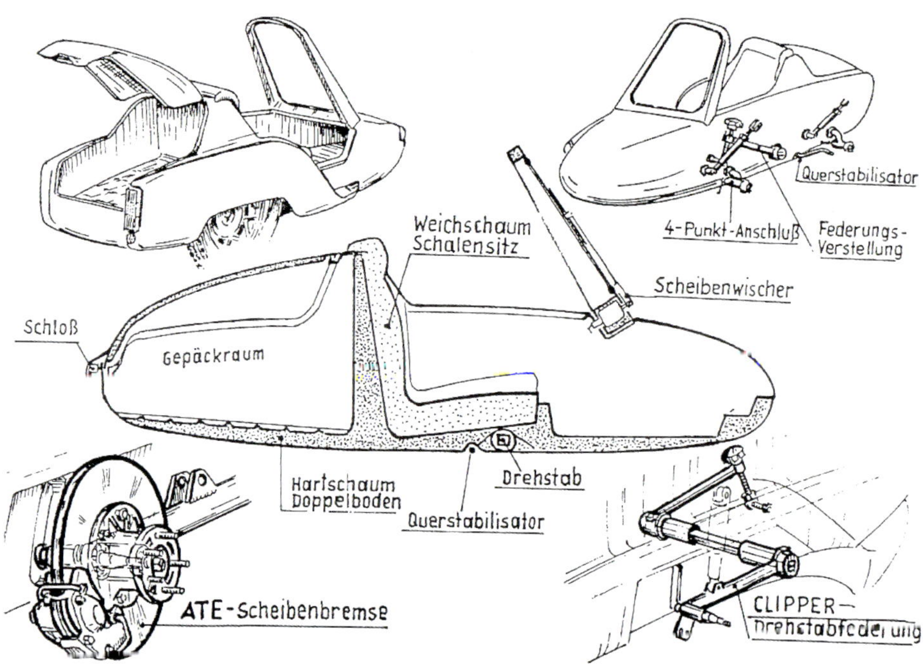

2.3 15 Zoll – eine Radgröße revolutioniert die Gespannwelt

Ernst „Klacks" Leverkus, damals Redakteur der Zeitschrift „Das Motorrad", gehörte mit zu den leidenschaftlichsten Fürsprechern der drei Räder. In seinen Beiträgen und Tests wurde das immer deutlich. Engagierte Motorradhändler wie Fritz Röth aus Hammelbach standen ihm zur Seite.
Die Soloindustrie krankte in den 60er Jahren. Die motorisierten Zwei- und Dreiräder verschwanden immer mehr aus dem Straßenbild. Motorradfadfahren wurde zur Subkultur, die Motorradfahrer zu Außenseitern. Das wiederum schweißte die Unentwegten noch mehr zusammen.
Auch wenn die Gespanngemeinde überschaubar klein war und die Nachfrage nach neuen Beiwagen gering, gab es in den 60ern und Anfang der 70er Jahre Hersteller, die eine Zukunft in der Beiwagenproduktion sahen. Hans-Joachim Penz entwickelte 1963 den Clipper-Beiwagen, der schließlich bei Rudolf Müller im süddeutschen Bleichstetten in Produktion ging. Doch rentable Verkaufszahlen konnten mit dem modernen und praxisgerechten Beiwagen nie erreicht werden.

Abb. 2.12
Das Bild des ersten EML-Straßengespanns, aufgenommen am Nürburgring während einer Pause bei ausgiebigen Testfahrten. Ein Mann interessierte sich dort ganz besonders für das Fahrzeug, ein Herr Hölzl aus Vohenstrauß in der Oberpfalz. Er übergab Hartmann einen Barscheck und meinte: „Tragen Sie den Betrag selbst ein. Ich will nur dieses Gespann haben!"

Eine kleine Fangemeinde hatte in den 60er und 70er Jahren am Gespann festgehalten. Aber die alten Steib-Beiwagen aus Blech rosteten und waren nicht mehr zeitgemäß. Findige Tüftler fertigten aus dem Kunststoff Polyester neue Boote. So zum Beispiel die Firma Walter in Körle. Gunnar Carell baute neue Fahrgestelle. Das alles fand jedoch weitgehend im Bekanntenkreis auf den kleinen Motorradtreffen der Gespannfreunde statt. Die Adressen waren in der Gespannszene hinlänglich bekannt. An eine professionelle Vermarktung dachte noch niemand.
Das änderte sich, nachdem Horst Hartmann bei einem Sportwettbewerb den Holländer Henning Winkelhuis kennengelernt hatte. Seine Eigenbauten hatten es Hartmann angetan. Das Ergebnis mehrerer Gespräche war das erste Straßengespann der Marke EML auf BMW-Basis mit Vorderradschwinge. Die Testfahrt ging an die Côte d'Azur mit zufriedenstellendem Ergebnis. Winkelhuis übernahm die Produktion einer Kleinserie.

Der Name EML tauchte nun in Gespannfahrerkreisen auf und schaffte es binnen kurzer Zeit, sich zu etablieren. Das Motorrad erlebte in den 70er Jahren als Freizeithobby einen kometenhaften Aufschwung. Im Windschatten folgte eine kleine Schar von Gespann-Neulingen, für manchen wurde das Fahrzeug sogar zur Lebensphilosophie.
Verglichen mit den alten Konstruktionen der 50er Jahre fuhren die EML-Gespanne traumhaft. Horst Hartmann und sein Bruder Falk kümmerten sich in Deutschland um den Vertrieb der modernen Dreiräder. Ein EML-Gespann war etwas Besonderes, so dachte man zumindest in der Gespannszene. Es war teurer als eine mit Squire oder TR-500-Nachbau aufgebaute Guzzi. Es gab teilweise Lieferzeiten. Die „Hartmänner" verstanden es vortrefflich, diesen Nimbus für sich zu nutzen. Binnen Kürze wurde EML zur Nummer eins in der Gespannwelt. EML-Ducati, EML-Gold Wing oder EML-Yamaha XS 1100 ergänzten bald das Angebot der Holländer.
Neue Namen bereicherten die Szene Anfang der 80er Jahre: Schepsky im Norden, Josef Mailhammer im Süden. Sie kümmerten sich vornehmlich um Moto-Guzzi-Gespanne und entwickelten eigene Komponenten und Fahrwerke für die italienischen Signoras. Helmut Walter und der deutsche Moto-Guzzi-Importeur Motobecane arbeiteten zusammen. Komplette Moto-Guzzi-Gespanne gab es ab sofort beim Händler. Drei Jahre dauerte das erfolgreiche Intermezzo, dann trennten sich die Wege wieder. Bis Ende der 80er Jahre war die Zahl der Gespannanbieter leicht überschaubar. Außer Horst und Falk Hartmann, Walter, Carell, Schepsky und Mailhammer gab es keine weiteren Hersteller, die nennenswerte Stückzahlen bauten.

2.4 Im Heute angekommen – alles ist möglich

Ende der 80er dachte der Franzose Jean-Claude Perrin bereits über sein Comete-Gespann nach, Hans-Gerd Reichler schweißte am Rahmen seines ersten Gespannes mit Yamaha-FJ-1100-Motor, Helmut Walter baute sein erstes BMW-K-100-Gespann.

1988 schaffte es der Treffenvielfahrer Bernhard Götz, eine Zeitschrift auf den Markt zu bringen, die sich ausschließlich mit Beiwagen und Gespannen beschäftigte. Die Gespanngemeinde war begeistert. Binnen zehn Jahren verdreifachte sich der Bestand an Dreirädern. Für viele Garagenbastler bildete das die Basis, sich zu professionellen Gespannbauern weiterzuentwickeln.

Abb. 2.13
Titelbild der Erstausgabe der Zeitschrift MOTORRAD-GESPANNE 1988.

Die französische Firma Side-Bike wirbelte mit neuen Konzepten und Formen den noch immer traditionell orientierten Gespannmarkt durcheinander. Der Schweizer Hersteller Armec legte mit seinen Vmax-Gespannen eine höhere Messlatte für Produktqualität an. Und viele junge Herstellerfirmen sorgten für neue Kombinationen. Manfred Beck, der sich zuvor in Eigenregie ein Gespann mit Beiwagenantrieb mittels Viskose-Kupplung gebaut hatte, stieg in die Profi-Liga ein. Peter Sauer entsagte der MZ- und Russen-Szene und trieb vehement seine eigene Produktlinie vorwärts. Horst Ullrich etablierte das sogenannte Fernreisegespann. Gunnar Carell entwickelte das erste Gespann mit komplettem Aluminiumfahrwerk. Die Hersteller waren innovativ und gaben den Gespannfahrern das, was sie sich von einem Gespann vorstellten und im Massenmarkt der Zweiradindustrie längst nicht mehr bekamen: Individualität, die die Einheitsmotorräder der Großserienhersteller nicht bieten konnten, und die fantastische Möglichkeit, auch mit Kindern das Hobby Motorradfahren weiterzuerleben. Die Motorräder von heute werden immer schneller und leistungsstärker – die Gespanne auch. Gespannbau hat heute nur mehr wenig mit dem Anschrauben eines Beiwagens zu tun. Zu vieles muss berücksichtigt werden. Ein Gespann, das an der 200-km/h-Grenze kratzt, kann und darf nicht mit unterdimenisonierten Stoßdämpfern ausgeliefert werden, verträgt auch keinen Beiwagen an der Seite, der in der Form eines Flugzeugflügels bei 180 km/h abhebt. Moderner Gespannbau ist heute technischen Spezialisten vorbehalten, die eine diffizile Achsschenkellenkung ebenso austüfteln können wie das elektronische BUS-System einer BMW K 1300.

Die Anforderungen und Auflagen von Seiten des Gesetzgebers an die Hersteller wurden Ende der 90er Jahre immer umfangreicher. Die technischen Überwachungsvereine verlangten aufwändige Festigkeitsprüfungen, Abgas- und Geräuschvorschriften mussten beachtet werden. Individualität bei den neuen Vorschriften und erforderlichen Prüfungen musste der Gespannfan mit höheren Preisen erkaufen.
Für das Jahr 2002 schrieb Jean-Claude Perrin von der Firma Side-Bike ein neues Kapitel der Gespanngeschichte. Er löste sich vom herkömmlichen Konzept des Motorrades mit Beiwagen. Sein Zeus-Modell besitzt einen Zweiliter-Automotor, zwei angetriebene Räder und eine hochmoderne Achsschenkellenkung.
Heute bieten die Gespanne alles, was das Herz begehrt. Ob 50 oder 150 PS, ob 5000 oder 50.000 Euro, das Gespannfahren ist etwas ganz Besonderes. Es erfordert Schneid, damit zu beginnen und eine ganz außerordentliche Einstellung zum Motorradfahren – und das ist gut so.

Abb. 2.14
Im Jahr 2002 schrieb Jean-Claude Perrin von der Firma Side Bike ein neues Kapitel der Gespanngeschichte. Er löste sich vom herkömmlichen Konzept des Motorrades mit Beiwagen. Was bis dahin nur Bastler als Einzelstücke bauten, fertigte Perrin in Serie. Sein Zeus-Modell hat einen Zweiliter-Automotor, zwei angetriebene Räder und eine Achsschenkellenkung, um nur einige der Besonderheiten zu nennen.

PRO SIDE-CAR
MOTORRAD-GESPANN KURSE & REISEN
Wir machen Ihre Freizeit zum Erlebnis
UNSERE REISEN
EINFACH „JUST FOR FUN“ EIN PAAR SCHÖNE TAGE IN EINER TRAUMHAFTEN LANDSCHAFT MIT EINER GRUPPE NETTER GESPANNFAHRER...
UNSERE KURSE
UNSERE INSTRUKTOREN VERMITTELN WERTVOLLE TIPPS UND TRICKS RUND UM DAS GESPANNFAHREN
http://www.prosidecar.de
e-mail: info@prosidecar.de

3. Gespanntechnik heute

Axel Koenigsbeck

Inhalt

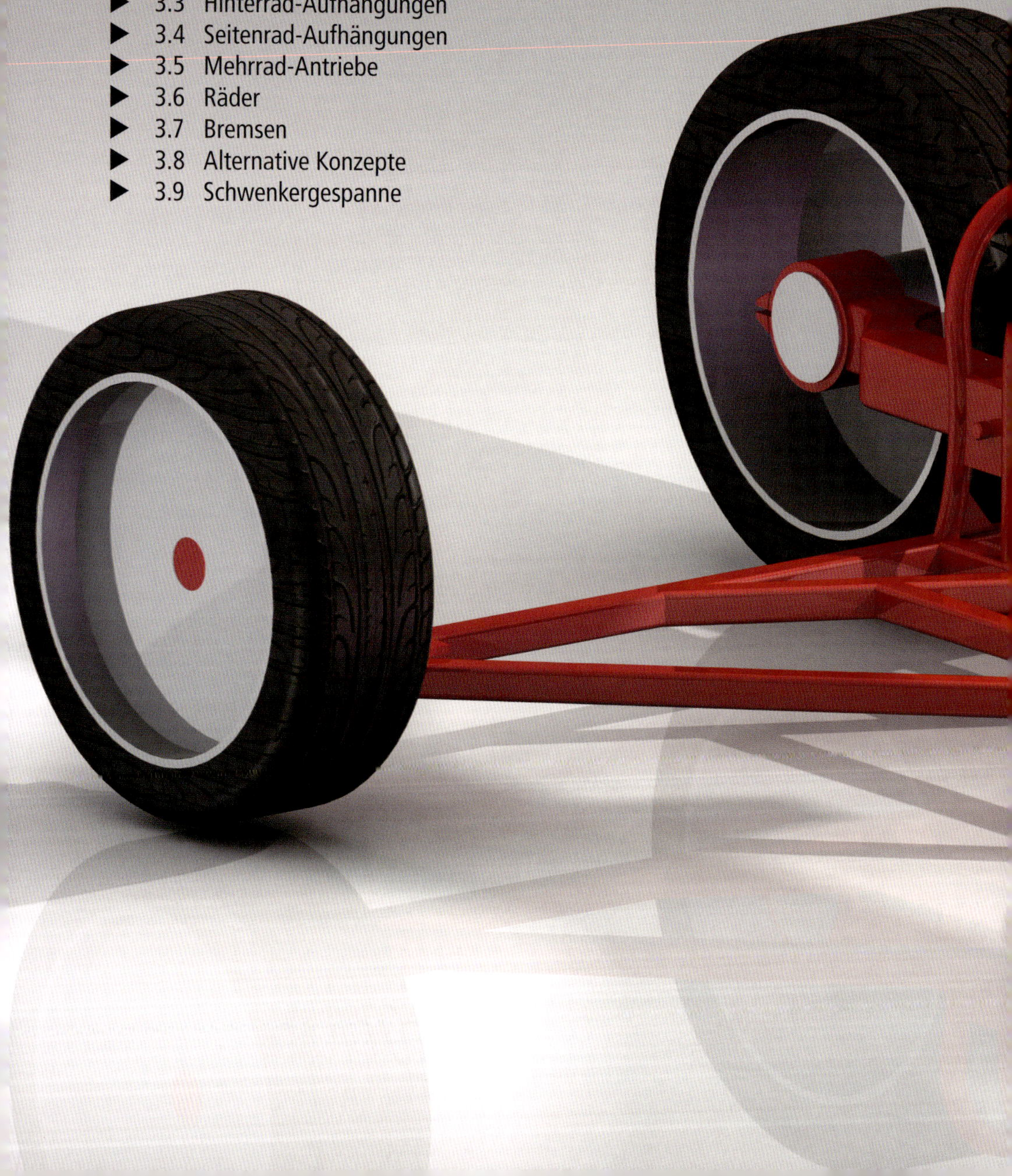

Einst dienten Seitenwagen hauptsächlich dazu die Transportkapazität von Motorrädern und damit ihren Nutzwert zu erhöhen. Vor hundert Jahren war das Image für eine solche Kombination zumeist wichtiger als möglichst perfekte Fahreigenschaften. Die Zugmaschinen wurden je nach Bedarf auch ohne Boot eingesetzt, unter dieser Voraussetzung waren konsequent auf den Beiwagenbetrieb ausgelegte Konstruktionen ohnehin nicht möglich. Auf der anderen Seite berücksichtigten viele Motorradhersteller, dass ihre Modelle auch als Gespann genutzt wurden. Deshalb machten sie ihre Fahrwerke entsprechend stabil und statteten sie mit Aufnahmen für die Beiwagenstreben aus. Häufig sahen sie auch Verstellmöglichkeiten für Lenkgeometrie und Federung vor.

Mit der Renaissance des Gespannes in den 70er Jahren hatte sich die Ausgangslage völlig geändert. Für die vier japanischen Marken waren Seitenwagen ebenso wenig ein Thema wie für die meisten westlichen Hersteller. Allein Harley-Davidson und ansatzweise Moto Guzzi hatten das dritte Rad nicht aus dem Auge verloren. Dabei gab es durchaus handfeste Gründe, dass man diesen Markt spezialisierten Betrieben überließ. Zunächst hatten die Werke genug damit zu tun, die rasant steigende Nachfrage nach Motorrädern mit immer neuen Modellen zu befriedigen. Dann waren die im Gespannsektor zu erwartenden Stückzahlen für Entwicklung, Serienfertigung und Homologation, wie sie bei den großen Firmen üblich ist, einfach viel zu niedrig.

Auch wenn die Gespannbranche bei aller Professionalität das Qualitätsniveau der Motorradhersteller teilweise nicht umsetzen kann, dürfen wir uns letztlich freuen, dass alles so gekommen ist. Denn nur kleine und mittelständische Betriebe vermögen der Individualität in Technik, Optik und Kombinationsmöglichkeiten Rechnung zu tragen, welche die heutige Kundschaft erwartet. Bei der Kaufentscheidung mag man diesen Segen für einen Moment als Fluch empfinden, denn das Spektrum des Machbaren ist mittlerweile schier unüberschaubar. Um die Verwirrung zu lindern, wollen wir in diesem Kapitel den Stand der Technik beleuchten und die unterschiedlichen Konstruktionen vorstellen.

3.1 Rahmenkonstruktionen: geschraubt oder verschweißt

Abb. 3.02
Schweißroboter, wie in der Massenproduktion der Autoindustrie verwendet, sind in der Einzelfertigung von Gespannfahrwerken nicht einsetzbar. Hier zählt das Können der Schweißer.

Um ein Motorrad mit einem Seitenwagen zu kombinieren, bieten sich grundsätzlich mehrere Möglichkeiten an. Bei seiner Entscheidung wird der Konstrukteur berücksichtigen, wie viel Leistung das Gespann hat, wie es eingesetzt werden soll und welche fahrwerktechnischen Voraussetzungen die Zugmaschine mitbringt. Grundsätzlich gilt: Je mehr PS zur Verfügung stehen, desto stabiler muss das Chassis ausgelegt sein. Bei Enduro-Gespannen macht es zudem einen Unterschied, ob sie als Just-for-Fun-Gefährte hauptsächlich auf der Straße bewegt oder „offroad“ – womöglich noch für Rallyes oder Rennen – herhalten müssen.

Abb. 3.03
Bei angeschraubten Seitenwagen übernehmen meistens vier Anschlussstreben die Verbindung zur Zugmaschine. Manche Hersteller setzen jedoch auf fünf oder sechs Anschlüsse.

Abb. 3.04
Drei Anschlusspunkte können bei entsprechender Auslegung durchaus genügen – wie bei den BMW-Vierventilboxern im TripTeq-Trimm

Abb. 3.05
Um Lastspitzen abzubauen können Federstreben und Gummielemente in den Anschlüssen verwendet werden, so wie hier von Sauer.

Moderne Motorräder basieren häufig nicht mehr auf Rohrrahmen mit Unterzügen, sondern auf Gitterrohr-Skeletten oder Leichtmetall-Profilen. Wobei der Motor als mittragendes Element integriert sein kann. Teilweise sind die Hinterradschwingen direkt im Motorgehäuse gelagert. Solche Konstruktionen mögen zwar für den Solobetrieb genügen, den Querkräften im Gespanneinsatz sind sie eher nicht gewachsen. Sie müssen durch zusätzliche Komponenten, sogenannte Hilfsrahmen, verstärkt werden. Diese können angeschraubt oder an den Maschinenrahmen geschweißt sein. Gleichzeitig dienen sie meist dazu, die Anschluss-Streben des Seitenwagens aufzunehmen. Doch auch herkömmliche Stahlrohrrahmen können zu schwach dimensioniert sein und benötigen daher mehr oder weniger umfangreiche Rahmenverstärkungen, die angeschraubt oder angeschweißt sein können. Eine zusätzliche Funktion haben Hilfsrahmen, wenn ein indirektes Lenksystem wie die Achsschenkellenkung verbaut wird. Dann müssen sie nämlich zur Anlenkung der Vorderradschwingen herhalten.

Abb. 3.06
Unterstützt: Brückenchassis, wie das der Honda Deauville, müssen für die Anbindung eines Beiwagens mit zusätzlichen Rahmenschleifen ergänzt werden.

Hersteller wie Wasp (Tornado) erweitern das Chassis ihres Seitenwagens so, dass dies die Zugmaschine aufnimmt. Diese wird quasi in den erweiterten Bootsrahmen eingebettet. Schmidt mit seinem Trisis sowie Mobec mit seinem Superdrive gehen noch einen Schritt weiter: Hier ist die Rahmenkonstruktion so ausgelegt, dass sie neben der Hinterradführung auch fast alle Kräfte aufnimmt. Das Basismotorrad dient primär als Träger für Anbauteile wie Tank, Sitzbank oder Instrumente.

Abb. 3.07
Komplett verschweißte Spezialfahrwerke wie das HBJ von Reichler gelten als technisch konsequent. Hohe Steifigkeit lässt sich jedoch auch mit verschraubten Kombinationen erzielen.

Abb. 3.08
Mit diversen Motoren kompatibles Komplettchassis von Tech3 mit USD-Gabel, Einarm-Hinterradschwinge und Doppellinearführung für das Bootsrad

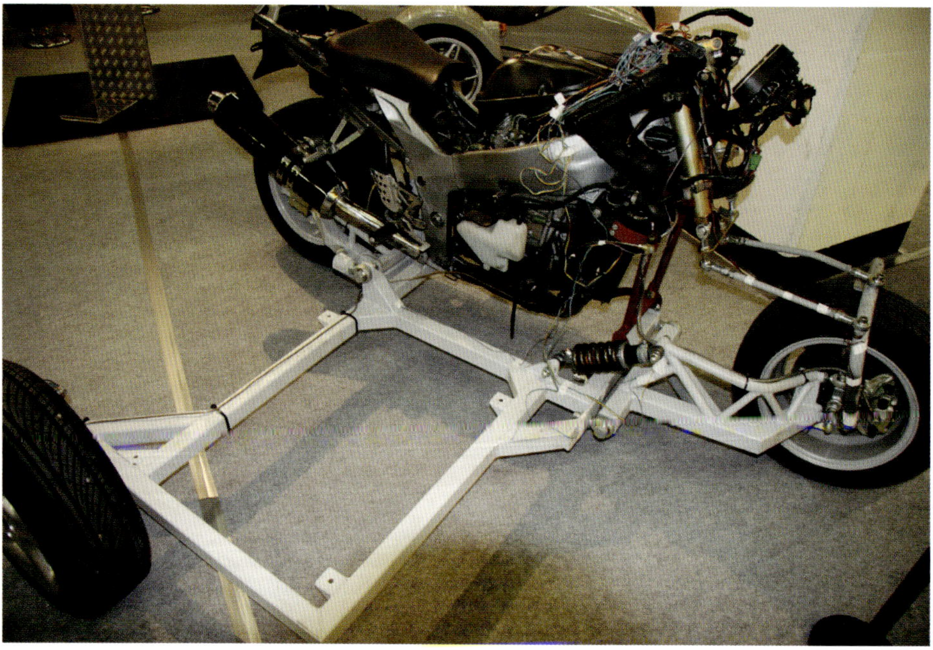

Abb. 3.09
Beim Trisis von Schmidt-Gespannbau wird das Basismotorrad in ein Chassis mit Achsschenkellenkung und Spezial-Hinterradschwinge über Adapter integriert.

Obwohl verschraubte Gespannfahrwerke selbst für Extremfälle hinreichend stabil ausgelegt werden können, bevorzugen einige Hersteller komplett verschweißte Spezialchassis. Damit lässt sich die Geometrie konsequenter auf den dreirädrigen Verwendungszweck trimmen. Wenn alternative Konzepte umgesetzt werden sollen, bleibt ohnehin kaum eine andere Wahl als das Spezialfahrgestell: Explorer und Vektor von Ruko, das Krauser Domani mit seiner Stromlinienkarosserie oder der Heckmotor im Side Bike Zeus sind nur so realisierbar. Doch wie bei allen Hilfsrahmen sollten auch diese Konstruktionen Wartungsarbeiten nicht erschweren.

Abb. 3.10
Das Explorer von Ruko basiert auf einem voll verschweißten Spezialfahrwerk, das sich in Lenkgeometrie und Bodenfreiheit individuell einstellen lässt.

Ob ein Fahrwerk, ganz gleich welcher Bauart, den Belastungen im Beiwagenbetrieb auf Dauer standhalten wird, lässt sich durch eine Betriebsfestigkeitsprüfung ermitteln. Ein positives Gutachten gibt zumindest eine gewisse Gewähr, dass die Kombination nicht plötzlich zusammenbricht. Ganz abgesehen davon, dass derartige Zertifikate im EU-Zulassungsrecht immer mehr Bedeutung gewinnen, streben manche Hersteller sie im Hinblick auf die Produkthaftung schon seit Jahren an. Andere Anbieter sparen sich und ihren Kunden diese zusätzlichen Kosten und legen ihre Konstruktionen lieber für die Ewigkeit aus. Mit der Konsequenz, dass zusätzlich montierte Rohre und große Wandstärken im Material das Gewicht nach oben treiben. Dabei lassen sich Fahrwerkkomponenten heutzutage computerunterstützt berechnen, sodass teure Pulser-Tests praktisch überflüssig sind.

Abb. 3.11
Da der Lenkkopf höheren Kräften als im Solobetrieb ausgesetzt ist, empfiehlt sich eine Verstärkung, wie bei dieser von Armec umgebauten BMW R 80.

3.2 Vorderradaufhängungen

Abb. 3.12
Lenkhilfe: Bei den Harley-Davidson-Fahrwerken früherer Baujahre ließ sich der Nachlauf an der unteren Gabelbrücke für Solo- und Gespannbetrieb verstellen.

Während sich bei den Solomotorrädern auf breiter Front die Tauchgabel durchgesetzt hat, wartet der Gespannmarkt mit einer Vielzahl käuflicher Lenksysteme auf. Dabei kommt der vom Basismotorrad übernommenen Gabel durchaus ein hoher Stellenwert zu – schon weil sie das Erscheinungsbild der Solomaschine bewahrt. Früher war die Telegabel leichten, billigen Gespannen wie den MZ oder Jawa vorbehalten, Moto Guzzi und Harley-Davidson galten – da ab Werk gespanntauglich – als Ausnahme. Ein BMW-Boxer oder eine Honda CB 750 mit Standardgabel wurden als gefährliches Bastlerwerk abgetan. Sie fanden bei einer technischen Prüfung für die Zulassung kaum Gnade. Mit der Zeit wurden die Telegabeln stabiler, die Holme verdrehsteifer und die Federung belastbarer. Heute findet man Tauchgabeln nicht nur an Leichtmotorrädern, sondern auch an Mittelklassemaschinen oder sogar an dicken Cruisern. Zusätzliche Vorspannhülsen oder progressive Federn sowie modifizierte Ölfüllungen helfen, das Ansprechverhalten anzupassen.

Bei den Tauchgabeln müssen die wesentlichen Bauteile gleich drei Aufgaben erfüllen: Sie führen das Vorderrad, übertragen die Lenkbefehle und übernehmen die Federung. Angesichts der hohen Verdrehkräfte im Gespannbetrieb lehnen viele Spezialisten sie daher ab und propagieren als Standard-Alternative die Schwinge. Auf unsere bereits erwähnte 750 Honda mit ihren schwachen Gabelbrücken und dünnen Holmen trifft diese Einschätzung gewiss zu, auf moderne Konstruktionen – ganz gleich ob Right-side-up, Upside-down oder Telelever – wohl kaum. Da die Gabelrohre sich hier durch die Querbelastungen nur kaum spürbar verdrehen, bleibt das Ansprechverhalten der Federung erhalten.

Abb. 3.13
Umfunktioniert: Bei Konstruktionen wie dieser von Hermeling/Wasp werden die Telegabel mit einer Schubschwingenkonstruktion verstärkt und der Nachlauf durch Vorverlegung der Radachse verkürzt.

Abb. 3.14
Bei den Vierventilboxern mit Telelever-Vorderradführung wird der Nachlauf mit einer Adapaterplatte verkürzt. Das ist eine einfache und kostengünstige Lösung, wie sie unter anderem von Bode praktiziert wird.

Als zweites Argument führen die Tele-Gegner die hohen Lenkkräfte ins Feld. Sicher zutreffend, besonders Anfänger tun sich mit choppertypischen Nachlaufwerten schwer. Hat man jedoch „mit Gas und Bremse zu lenken" gelernt, bringt man auch stoische Cruiser um die Ecken. Im Übrigen muss man sich mit dem schwerfälligen Lenkverhalten nicht abfinden. Heutzutage lässt sich jede Telegabel in der Geometrie entweder auf leichtgängig trimmen oder durch ein geeigneteres System ersetzen. Alles nur eine Kostenfrage.

Als bewährte Mittel hierzu gelten speziell gefräste Gabelbrücken, mit denen die Holme weiter nach vorne rücken oder in einem flacheren Winkel angestellt sind. California Sidecar wechselt bei seinem Power Trak gleich die kompletten Rohre mit. Früher boten Hersteller wie Harley-Davidson auch verstellbare Gabelbrücken für wahlweisen Solo-/Seitenwagenbetrieb an, doch ist diese praktische Lösung fast gänzlich aus der Mode gekommen. Vorverlegte Vorderachsen haben sich dagegen als wenig tauglich erwiesen, da die Klemmfäuste ungünstig als Hebel auf die Holme wirken.

Eine recht pfiffige Lösung des Problems entwickelte in den 80er Jahren der Gespanncross-Spezialist Peter Iven. Bei diesem später von Wildschrei als „Schwabel" (zusammengesetzt aus Schwinge und Gabel) und von Lefèvre als LTG für Straßengespanne umgesetzten Konzept, ist die Telegabel durch eine Schubschwinge verstärkt, die sich über zwei Zugstreben an der unteren Gabelbrücke abstützt. In der Folge wurde das Konzept auch von anderen Anbietern – teils in abgewandelten Ausführungen – verwendet.

Das Schwingen-U dient als Stabilisator und erlaubt gleichzeitig eine Vorverlegung der Vorderachse, also eine Reduzierung der Lenkkräfte durch die Verringerung des Nachlaufs. Weiteres Plus: Mit der Integration der Tele in eine solche Schwingenkonstruktion lassen sich längere Federwege realisieren als mit den meisten „echten" Schwingengabeln. Mit seiner Lightfork bietet Mobec eine Variante, bei der anstatt der U-Schwinge je ein Achsträger rechts und links verbaut sind.

Spezielle Telegabeln für den Gespannbetrieb

Abb. 3.16
Die Lightfork von Mobec entspricht grundsätzlich dem Armec-Antidive. Die Bremszangen sind an Auslegern angelenkt. Die Nachlaufverkürzung der Tele aus der Basismaschine besorgen spezielle Gabelbrücken.

Da Tauchgabeln im Gespannbetrieb besser funktionieren als man ihnen oft nachsagt, und da sie ästhetischer aussehen als die meisten Schwingen, spricht nichts dagegen, als Alternative für die Standard-Tele wiederum eine Tauchgabel zu wählen. EZS ließ bei Reiger dazu eine Spezialgabel entwickeln, Armec verwendet Upside-Down-Gabeln. Das lästige Eintauchen beim Bremsen vereiteln die Schweizer dabei mit einer momentfreien Abstützung der Sättel, also einer Art mechanischem Anti-Dive.

Abb. 3.17
Bei der Extenso-Dive von EML dienen die Gabelholme lediglich zur Führung und Lenkung des Vorderrades. Die Federung übernehmen zwei Stoßdämpfer.

W-Tec/EML geht mit seiner ExtensoDive einen Schritt weiter. Hierbei dienen die ineinander gleitenden Holme nur noch zur Radführung und Lenkung, die Federung übernehmen zwei parallel angeordnete Dämpferelemente. Die Holländer verbauen ihre Extenso Dive vornehmlich bei schweren Kalibern wie der Gold Wing, der K 1200 LT oder der Yamaha FJR 1300. Damit sie dort präzise arbeitet, beträgt ihr Gleitrohrdurchmesser satte 45 mm. Überdies führen die äußeren die inneren Holme über ihre gesamte Länge, beim Einfedern stoßen die Gleitrohre deshalb unten heraus. Auch beim Telelever von BMW sind Radführung und Federung getrennt. Für den Gespanneinsatz lässt sich der Nachlauf relativ simpel mit Adaptern an der unteren Gabelbrücke verkürzen, mit denen die Aufnahme für den A-Lenker nach hinten versetzt wird. Und für die Wahl des Federbeins lässt diese Tauchgabel wie auch das ExtensoDive alle Freiheiten.

Schwingengabeln als klassischer Standard

Trotz diverser innovativer Lenksysteme kommt der Schwingengabel bis heute ein hoher Stellenwert zu. Dabei hat sich die geschobene Kurzschwinge auf breiter Front durchgesetzt. Gezogene Schwingen scheiden schon wegen ihres Erscheinungsbildes aus, obwohl sie grundsätzlich höheren Federungskomfort versprechen. Auch geschobene Langschwingen blieben in der Vergangenheit die Ausnahme. Sie benötigen mehr Platz, erhöhen die um die Lenkachse geschwenkten Massen und sehen gewöhnungsbedürftig aus.

Abb. 3.18
Bei der Hedingham-Schwinge lassen sich die oberen Federbeinaufnahmen zur Veränderung der Lenkgeometrie auf den Gabelholmen verschieben.

Abb. 3.19
Für Gespanne mit dreistelligen PS-Zahlen muss das Vorderrad besonders stabil geführt werden. Der tiefliegende Schwingendrehpunkt bei diese HBJ-Schwinge verbessert das Ansprechverhalten der Federung.

Schwingengabeln trennen grundsätzlich Radführung und Federung. Außerdem lassen sie sich preisgünstig produzieren und ihre einzelnen Komponenten können im Baukastensystem kombiniert werden. Die Federbeine dazu gibt es als Massenware entsprechend billig, solange nicht die hochwertigen Elemente der Premiummarken verlangt werden. Aus Kostengründen wird teilweise auf einfache Bauweise Wert gelegt und die Bremssättel direkt an den Schwingenholmen angelenkt. Nachteil: Beim Betätigen der Handbremse stellt sich der Vorderbau umso abrupter auf, je kürzer die Schwinge gehalten ist. Um dies zu vermeiden, fixieren viele Hersteller die Bremszangen an separaten Halteplatten und stützen diese parallel zur Schwinge an den jeweiligen Gabelholmen oder direkt unter der unteren Gabelbrücke ab.

Abb. 3.20
Klassische Lösung: Viele Hersteller setzen auf Gabeln mit geschobenen Kurzschwingen und zwei Federbeinen. Die Bremssättel sind oft momentneutral abgestützt, der Nachlauf an den Schwingendrehpunkten oder an exzentrisch gelagerten Vorderachsen verstellbar.

Auf verschiedene Weise können Schwingen auch mit variablem Nachlauf versehen werden. Als gängigste Lösung haben sich Aufnahmen für die Schwingenlagerung mit zwei oder drei Bohrungen durchgesetzt: Durch Umhängen der Schwinge lässt sich die Lenkung kontrolliert strammer oder agiler justieren. Als Alternative dazu gibt es die stufenlos verschiebbare Lagerung der Schwinge in Klemmfäusten. Diese birgt allerdings die Gefahr, dass der Nachlauf von einem Laien zu knapp eingestellt wird. In diesem Fall kann die Lenkung beim Einfedern in den negativen Nachlaufbereich gelangen, ihre Eigenstabilisation geht damit verloren und das Gespann reagiert hypersensibel auf jeden Lenkimpuls und jede Fahrbahn-Unebenheit. Die elegantere und in dieser Hinsicht sichere Lösung ist die begrenzte Nachlauf-Verstellung per Exzenter an der Vorderachse, wie man sie oft auch zur Einstellung der Kettenspannung am Hinterrad findet. Sonderfall Hedingham: Bei der Schwinge der Briten lassen sich die Klemmschellen für die oberen Federbeinaufnahmen auf den Gabelholmen verschieben, dadurch ändert sich ebenfalls die Lenkgeometrie.

Abb. 3.21
Gabeln mit Einarmschwinge wie hier von Mobec erleichtern den Vorderradausbau, bedürfen aber einer besonders stabilen Auslegung von Schwingenarm und Radträger.

Schwingengabeln gibt es mit ein- und zweiarmigen Schubschwingen. Die mittlerweile auch von deutschen Anbietern wie Mobec propagierten Monoschwingen haben den Vorteil des einfachen Radausbaus. Sie sind an beiden Gabelholmen angelenkt, aber nur durch ein Federbein abgestützt. Ihre einarmige Bauweise erfordert eine großzügigere Dimensionierung al-

ler tragenden Bauteile, auch lässt sich nur eine Bremsscheibe unterbringen. Als Sonderfall sei die Monoschwinge von Motowig erwähnt, die wie eine umgedrehte BMW-Paralever-Schwinge aussieht und momentneutral arbeitet. Die zweiarmigen Schwingen können graziler gehalten werden, ihre Verdrehsteifigkeit lässt sich wie bei den Telegabeln über die Vorderachse erhöhen. Meistens besitzen sie zwei Stoßdämpfer, Walter bietet eine Version mit Zentralfederbein an.

Abb. 3.22
Mit der Singlefork bietet Mobec eine gespanntaugliche Version für die Scherengelenkgabel Duolever der aktuellen BMW-K-1200/1300-Modelle an.

Abb. 3.23
Das ALS von Armec stellt eine Kombination direkter Lenksysteme mit Achsschenkel-Elementen dar.

Tele- und Schwingengabeln übertragen die Lenkbefehle im Verhältnis eins zu eins an das Vorderrad. Deshalb nennt man sie auch direkte Lenksysteme. Zu dieser Gruppe zählen ebenfalls das von Armec patentierte ALS (Armec Lenk System), dessen Radaufhängung Konstruktionselemente des Achsschenkel-Arrangements aufweist und dessen Federung vom Rest des Systems abgekoppelt arbeitet, sowie die Singlefork von Mobec. Dabei handelt es sich im Prinzip um eine gespanntaugliche Version des BMW-Duolever. Da dessen Scherengelenke für PS-starke Gespanne zu grazil dimensioniert sind, entwickelte Mobec dieses Gegenstück.

Aufgabenteilung bei der Achsschenkellenkung

Bei der „echten" Achsschenkellenkung lassen sich die Lenkbewegungen prinzipiell in beliebiger Übersetzung auf das Vorderrad übertragen, da die Transmission indirekt durch ein Gestänge erfolgt. Um die Lenkung möglichst leichtgängig auszulegen, weichen die Konstrukteure im Regelfall vom Eins-zu-eins-Verhältnis ab: Der Einschlagwinkel des Vorderrades ist kleiner als der damit korrespondierende Lenkwinkel.

Im Gespannbau übernehmen bei Achsschenkellenkungen meistens Längslenker (geschobene Schwingenarme aus geschweißten Stahlrohren, Stahlprofilen oder gefrästem Leichtmetall) die Radführung. Dabei kann der obere Lenker parallel zu seinem unteren, tragenden Pendant seitlich in die Felgenschüssel laufen oder mittig über dem Rad platziert sein. Dagegen arbeitet die Easydrive-Lenkung von Mobec mit zwei Querlenkern, deren Aufnahme am Haupttragrohr des Seitenwagens verschraubt ist. Zwar bieten die unterschiedlichen Ausführungen einigen Stoff für Technik-Diskussionen, doch lassen sich entscheidende Vorzüge oder Nachteile der einzelnen Systeme nicht ausmachen – zumal bei einem Vergleich weitere Parameter wie die Bereifung oder auch subjektive Kriterien zu berücksichtigen wären. Wichtig erscheint, dass die Lager bei niedrigen Losbrechmomenten langfristig spielarm arbeiten sowie gegen Staub und Spritzwasser geschützt sind.

Abb. 3.24
Eigentlich hatte der französische Hersteller diese Achschenkellenkung für sein Kyrnos-Gespann (Yamaha XJ 900 S) konzipiert. Doch mittlerweile wird die Konstruktion gerne von anderen Herstellern adaptiert, hier von Heigl an einer BMW K 100 ...

Abb. 3.25
... und hier von Müller/Sauer an einer Kawasaki ZZR 1400.

Grundsätzlich weist die aus dem Automobilbau adaptierte Achsschenkellenkung einige weitere Vorzüge auf. So sind für Radführung, Lenkung und Federung unterschiedliche Bauteile zuständig. Dabei sind die um die Lenkachse geschwenkten Massen derart klein, dass problemlos auf einen Lenkungsdämpfer verzichtet werden kann. Die ohnehin geringe Flatterneigung des Systems wird von dessen Eigendämpfung durch die Gestänge-Gelenk-Transmission unterstützt. Dennoch kann ein passend abgestimmter Hydraulikdämpfer vor allem auf unebenen Fahrbahnen zusätzlich Ruhe in das Lenksystem bringen. Indirekte Lenksysteme erlauben überdies kürzere Nachlaufwerte (um zirka 20 mm) als Tele- oder Schwingengabeln (zirka 35 bis 50 mm bei spezieller Gespannabstimmung).

Abb. 3.26
Für seine Gespannumbauten entwickelte März eine eigenständige Achsschenkellenkung mit dezent gestaltetem Längslenker.

Abb. 3.27
Mit zwei imposanten Schubschwingarmen aus Stahlrohrverbünden dominiert die Wilbo-Lenkung die Optik der Bode-Gespanne.

Abb. 3.28
Aktuell bietet Lefèvre seine Achsschenkellenkung mit Trägern aus Stahlrohr oder gefrästem Aluminium an. Die Aussparung an der Hinterseite des Rades erlaubt einen großen Lenkeinschlagwinkel.

Durch die einseitige Aufhängung ist das Vorderrad leicht demontierbar. Daneben kann es, da an die Position des Lenkkopfes nicht gebunden, beliebig platziert und damit der Radstand verlängert werden. Weiterhin lässt sich der Lenkrollradius variieren: Positioniert man die Schwenkachse des Vorderrades außerhalb seiner Längsebene, kann man damit dessen Rückstellverhalten beeinflussen und so zum Beispiel die vom Beiwagen induzierte Momente oder anderer Faktoren kompensieren. Bei Gespannen mit direkter Lenkung funktioniert dies lediglich über den Sturz der Zugmaschine oder die Vorspur des Seitenrades.

Abb. 3.29
Bei W-Tec/EML übernimmt ein aus Stahlprofilen verschweißter Schwingenkörper die Aufnahme von Achsschenkel und Rad. Für die aktuellen K-Modelle ist diese Technik Standard.

Abb. 3.30
Auch Stern setzt auf ein eher unauffälliges Layout seiner Achsschenkellenkung mit einem seitlich platzierten Schwingenarm

Ein weiterer Punkt ist das Wandern der Reifenaufstellfläche beim Einlenken mit einer Tele- oder Schwingengabel. Dies fällt bei Motorradreifen mit runder Kontur oder bei schmalen Autoreifen wenig ins Gewicht, breite Pkw-Pneus jedoch stehen nurmehr auf ihrer kurveninneren Kante. Reifen mit weichen Flanken oder niedriger Luftdruck vermögen dieses Problem bedingt zu kaschieren. Bei der Achsschenkellenkung dreht sich der Reifen beim Einlenken über seine Aufstandsfläche – unabhängig von Breite, Bauweise und Luftdruck. Unberücksichtigt bleibt hierbei das bislang nicht exakt untersuchte Walken der Reifen.

Abb. 3.31
Die Vario IV von Ruko ist als eigenständiges Modul konzipiert und imponiert mit zwei seitlich des Vorderrades angeordneten und als Stahlrohrverbund ausgeführen Längslenkern.

Frühere Achsschenkel-Arrangements imponierten mit einem relativ großen Wendekreis, der selbst auf gut ausgebauten Landstraßen das Wenden in einem Zug unmöglich machte. Die meisten neueren Konstruktionen erlauben deutlich größere Lenkeinschläge. Dies betrifft sowohl die gängigen Ausführungen mit Längslenkern, als auch Querlenker-Aufhängungen (Mobec Easydrive). Wie bei der Einarmschwinge sind Doppelbremsscheiben nicht realisierbar. Und zuletzt spielt die Optik eine Rolle: Wenn das Vorderrad nicht wie ein Fremdkörper vor dem Gespann herlaufen soll, muss die Kluft zum Motorblock kaschiert werden. Bei unverkleideten Maschinen ist dies nur schwer möglich.

Abb. 3.32
Die Easydrive-Achsschenkellenkung von Mobec basiert auf einer Doppelquerlenkerführung. Die komplette Einheit ist am Haupt-Längsträger des speziell dafür konzipierten Seitenwagenchassis angelenkt.

Abb. 3.33
Beim Trisis ist die Achsschenkellenkung Bestandteil des Spezialfahrwerks. Lediglich das Lenkgestänge muss an die jeweilige Zugmaschine angepasst werden.

Abb. 3.34
Als Variante der Achsschenkelbauweise wartet die Radnabenlenkung mit einer in der Nabe versteckten Lenkachse auf (EML).

Eine Variante des Achsschenkel-Konzepts ist die Radnabenlenkung. Hier wird die Schwenkachse nicht durch Achsschenkel definiert, vielmehr liegt sie versteckt in der Nabe. Auf den ersten Blick mutet diese Konstruktion wie Zauberwerk an, doch bei genauem Betrachten funktioniert die Sache ziemlich simpel. Ihre Vor- und Nachteile entsprechen daher wesentlich den aufgeführten Punkten. Allerdings erlaubt die Radnabenlenkung die Führung über beidseitig des Vorderrades platzierte Schubschwingen, wie im HBJ von Reichler umgesetzt. Wegen des leichteren Radausbaus hat sich jedoch mittlerweile auf breiter Front die einarmige Achsschenkel-Bauweise durchgesetzt. Im ersten Jahrzehnt der indirekten Lenksysteme waren diese immer für bestimmte Gespannkombinationen entwickelt worden. Mittlerweile sind die meisten aktuellen Vorderradaufhängungen jedoch als universell verwendbare Module konzipiert.

3.3 Hinterradaufhängungen

Ebenso wie das Vorderrad wird das Hinterrad im Gespanneinsatz meistens höheren Querkräften als im Solobetrieb ausgesetzt. Die Originalschwinge kann daher nicht immer unverändert weiter verwendet werden. Möglicherweise muss sie und/oder ihre Lagerung im Rahmen verstärkt werden. Oder sie wird komplett ersetzt. Besonders wenn das Gespann unter extremen Bedingungen – im Rennsport oder für Fernreisen – eingesetzt werden soll, empfiehlt sich eine Spezialschwinge. Auf diese Weise lässt sich gleichzeitig der Radstand variieren, falls zum Beispiel möglichst guter Geradeauslauf gewünscht ist. W-Tec/EML praktizierte dies für die BMW-Boxer der Mono-Ära ab 1984: Die Zweiarmschwingen der Holländer bauten fünf Zentimeter länger.

Abb. 3.35
Die Heckschwingen der Basismotorräder erweisen sich im Beiwagenbetrieb teilweise als zu schwach. Für die Mono-Zweiventilboxer von BMW setzt EML deshalb auf zwei Schwingenarme.

Auch im Gespann findet man Zugschwingen in ein- oder zweiarmiger Ausführung. Die Zweiarmschwingen haben den Vorteil, dass sie zusätzlich durch die Radachse versteift werden, während Einarmschwingen in sich genügend stabil sein müssen. Der Radausbau gestaltet sich bei zweiarmigen Schwingen allerdings recht umständlich. Wenn die Basismaschine bereits eine Einarmschwinge mitbringt, übernehmen die Gespannbauer diese deshalb gerne. W-Tec/EML macht dabei eine Ausnahme und ersetzt die BMW-Leichtmetallschwingen durch Pendants aus Stahl. Dabei genügen LM-Schwingen durchaus auch den Anforderungen, bei Extrem-Einsätzen oder nach langer Laufzeit können sie allerdings durch unerkannte Materialermüdung oder Beschädigung reißen. Fatal: Leichtmetall-Legierungen (Aluminium, Magnesium) reißen ohne Vorankündigung. Der im Fahrwerkbau ansonsten verwendete Stahl wird zunächst weich, der sich anbahnende Schaden kann von aufmerksamen Gespannbesitzern meistens rechtzeitig erkannt werden.

Abb. 3.36
Für die BMW K-Modelle mit längs eingebauten Motoren entwickelte Lefèvre eine Hinterradaufhängung mit je zwei Längs- und Querlenkern sowie einer Spurstange. Die Schwinge der Solomaschinen wird nicht mehr benötigt.

Einarmschwingen haben neben dem einfacheren Radausbau auch den Vorteil, dass sich breitere Räder recht problemlos unterbringen lassen. Diese laufen dann allerdings aus der Flucht. Was man durchaus in Kauf nehmen kann, obgleich dadurch unter Umständen die Lenkung eher zum Flattern neigt. Gravierender scheint bei den Breitreifenumbauten mit Monoschwinge jedoch das Stabilitätsproblem. Die Räder bauen schwerer, die Reifen haften besser, die aus den breiten Reifenaufstandsflächen resultierenden Hebelkräfte üben zudem eine höhere Torsionswirkung auf die Schwinge aus. Und wenn dann noch 170 PS mit Kräften in der Größenordnung von über 15.000 Newton (ohne Stoß- und Schwingungsbelastungen) an der Antriebskette zerren, kann man sich unschwer ausmalen, wie extrem die Hinterradführung belastet ist.

Abb. 3.37
Ruko bietet Querlenker-Aufhängungen in verschiedenen Ausführungen an. Selbst die BMW K-Modelle mit Querläufermotor und linksseitigem Kardanantrieb können entsprechend umgerüstet werden.

Als konsequente Lösung bietet sich zur besseren Abstützung gegen die Seitenkräfte eine Querlenkschwinge an. Doch zum einen erfordert diese Bauweise erheblichen Aufwand. Andererseits muss für Motorräder mit Kettenantrieb auch berücksichtigt werden, dass das Hinterrad und damit das Kettenblatt beim Einfedern aus der Laufebene der Kette schwenken. Ruko realisierte an seinem TL 1000-Sportgespann dennoch erstmals eine Querlenkerschwinge. Mit Parallelogramm-Abstützung und kurzem Federweg bleibt die Missachtung der Kettenflucht vernachlässigbar. Heute bietet der Metzinger Hersteller auch eine Querlenkerkonstruktion für die BMW K 1200-Querläufer an, die wegen des Kardanantriebs am Rad vorbei zur linken Seite geführt werden muss. Mobec kann auf solchen Aufwand bei seinem Superdrive-Spezialchassis verzichten, da hier die Motorkraft über Zwischengetriebe zum Hinterrad geleitet wird.
Für die BMW K 1200-Längsläufer tüftelte Lefèvre eine Hinterradführung über je zwei Quer- und Längslenker samt Spurstange aus. Es bedurfte allerdings einiger Berechnungen und Tüfteleien, bis der von der Einfederung abhängige Längenausgleich für die Antriebswelle auf ein technisch vertretbares Maß reduziert war. Beim Zeus, wo der Peugeot-Heckmotor mit seiner querlaufenden Antriebswelle prinzipiell eine ideale Voraussetzungen für eine Querlenker-Konstruktion bietet, muss Side Bike aus Platzgründen auf diese Bauweise verzichten.

Hochbelastete Hinterradfederung

Abb. 3.38
Gerne werden die Schwingen der Solomaschine übernommen, wie bei diesem Stern-Umbau der BMW K 1200 R. Ungünstig für die bei uns gängigen Rechtsläufer: Der Kardanantrieb ist linksseitig platziert.

Von der Wahl der Schwinge hängt weitgehend das Federungskonzept ab. Primär bieten sich die Standard-Federbeinanordnungen der Basismaschine an. Bei Monoschwingen also zentral oder seitlich angelenkte Dämpfer, bei Zweiarmschwingen außerdem „Stereo"-Federbeine. Im Offroad-Bereich erfreuen sich letztere ohnehin einiger Beliebtheit. Fernreise-Spezialist HU propagiert sie unter anderem, weil sich rundum gleiche Federelemente bei Defekten abseits der Zivilisation beliebig austauschen lassen. Heutzutage können Stoßdämpfer derart perfekt abgestimmt werden, dass die hebelgestützte Monofederung nicht mehr das Maß der Dinge ist.

Bei der Hinterradfederung sollte man nicht am falschen Ende sparen. Gerade bei starken Gespannen ist eine stärkere Feder für den vorhandenen Dämpfer nur ein fauler Kompromiss. Ausnahme: Das Hydraulikelement ist für den Solobetrieb überdämpft oder besitzt einen sehr breiten Einstellbereich. Die meisten Gespannbauer bieten hochwertige und speziell abgestimmte Stoßdämpfer zumindest gegen Aufpreis an – bei einer Hayabusa oder K 1200 R/S gehören diese eigentlich zur Serienausstattung. Bei der Wahl des Federbeines sollten allerdings die Folgekosten nicht unberücksichtigt bleiben. Wenn ein Dämpfer alle 20.000 km zerlegt und gewartet werden muss, um etwaige Garantieansprüche nicht zu verlieren, spricht dies eher für die Geschäftstüchtigkeit des Herstellers als für die Qualität des Produkts. Anders verhält sich die Sache bei Rennsportgespannen.

Abb. 3.39
Die lange Spezialschwinge des Trisis erfordert eine zusätzliche Kettenführung.

3.4 Seitenrad-Aufhängungen

Abb. 3.40
Die H.C.A.D.-Querlenkerschwinge der aktuellen EML-Beiwagen-Generation soll das Eintauchen der Federung in Linkskurven vermeiden.

Abb. 3.41
Zweiarmige Standardschwingen sind heute primär bei Fernreisegespannen sinnvoll. Die Abstützung über zwei Federbeine gewährt eine Restdämpfung beim Defekt eines Exemplars.

Abb. 3.42
Bei Comete und Mega Comete setzte Side Bike auf eine Seitenradlenkung per Gestänge. Dabei wurde das dritte Rad entsprechend dem Einschlagwinkel des Vorderrades mitgelenkt.

Muss das Beiwagenrad überhaupt gefedert und gedämpft sein? Konstruktionen wie der seit 1964 gebaute Harley-Davidson TLE zeigen, dass man dem Passagier auch auf andere Weise Komfort angedeihen lassen kann. Doch was bei den urigen V-Twins akzeptabel funktioniert, taugt für ein modernes Gespann zweifellos nicht. Unkontrolliert auf Blattfedern bammelnde Gondeln bringen ebenso Unruhe ins Fahrwerk wie ein starr aufgehängtes Rad. Deshalb verfügen heute selbst kleine Roller-Boote über eine Radfederung.

Grundsätzlich übernehmen gezogene, geschobene oder quer angeordnete Schwingen die Seitenradführung. Alle drei Varianten können prinzipiell kürzer oder länger ausgelegt sein. Da hochwertige Federbeine heutzutage über einen breiten Wirkungsbereich ebenso präzises wie sensibles Ansprechverhalten gewähren, ist eine Langschwinge nicht mehr grundsätzlich im Vorteil. Allenfalls vermag sie mit einfachen Stoßdämpfern vergleichsweise mehr Komfort

Abb. 3.43
Querverbindung: Bei breiter Spur und großem Vorlauf erleichtert ein mitgelenktes Beiwagenrad die Lenkbarkeit. Am HGT Speeding erfolgt die Transmission per Gestänge.

zu gewähren. Auch die geschobene Schwinge muss gegenüber der Zugschwinge nicht die schlechtere Lösung sein, obgleich das Rad mit ihr von der Theorie her Fahrbahnunebenheiten weniger harmonisch überwindet.

Als volltaugliche Alternative bieten sich Querlenkerschwingen an, wobei auch hier kurze Varianten (Krauser, Mobec Superdrive) und lange Varianten (W-Tec/EML) vertreten sind. Bei geschickter Auslegung schmälern sie nicht einmal das Platzangebot im Boot. Die aktuelle Seitenwagen-Generation von W-Tec/EML besitzt die Querlenker-Langschwinge H.C.A.D. (High Comfort Anti Dive), die auf der linken Bootsseite angelenkt ist und das Eintauchen der Bootsfederung unter der dynamischen Belastung in Linkskurven verhindern soll. Die von Sauer/Müller seit langem propagierte und mittlerweile auch von anderen Anbietern verbaute Schräglenker-Langschwinge kombiniert den Querlenker mit einer Zugstrebe, beide in langer Ausführung. Beim Einfedern, zum Beispiel in Linkskurven, wird die Spur um bis zu drei Zentimeter breiter.

Abb. 3.44
Das Schräglenker-Langschwingenfahrwerk von Sauer.

Auch eine belastungsabhängige Veränderung der Vorspur lässt sich durch eine entsprechende Anlenkung der Seitenradschwinge bewerkstelligen. Durch die dynamische Radlastverschiebung in Kurven lenkt das Rad dann beim Ein- und Ausfedern in begrenztem Maße mit. Lefèvre stattete seine LTS-Chassis schon vor über zwei Jahrzehnten mit einer ausgeklügelten Kombination von Längs- und Querlenkern aus und erzielt mit dieser passiven Seitenradlenkung einen gewissen Servo-Effekt.

Abb. 3.45
Ruko verzichtet für seine Seitenradführung auf jede Schwinge zu Gunsten einer platzsparenden Doppel-Linearführung.

Federung mit Verstellmöglichkeiten

Vor allem bei komfortabel mit langen Federwegen abgestimmten Seitenwagen ändert sich der Sturz der Zugmaschine mit der Zuladung im Boot. Dadurch wird auch der Geradeauslauf des Gespannes beeinflusst. Amerikanische Hersteller wie California Sidecar („Lean System") oder Champion begegnen dem mit einer Luftunterstützung, durch die das Boot samt Fahrwerk nach Belieben angehoben oder abgesenkt werden kann. Das Motorrad erhält dadurch wieder den für Kräfte schonenden Geradeauslauf korrekten Sturz.
Europäische Anbieter wie Sauer/Müller setzen hier auf eine bedienerfreundliche Verstellmöglichkeit per Handrad, um die Federung der jeweiligen Belastung anzupassen. Was auch Sinn macht, denn um Federung oder Dämpfung direkt am Stoßdämpfer zu verstellen, muss man sich arg verrenken. Lefèvre stattet seine Mehrlenker-Aufhängung neuerdings mit einer verstellbaren Federbeinaufnahme aus, die unterschiedliche Grundeinstellungen samt Höhenverstellbarkeit erlaubt.

Abb. 3.46
Beim Ruko-Explorer lassen sich alle drei Federelemente extern per Hand justieren. Doch um die richtige Einstellung zu finden, bedarf es eines feinfühligen „Popometers".

Bei älteren Seitenwagen kamen auch Zweiarmschwingen, meistens in gezogener Ausführung, zum Einsatz (z. B. MZ Superelastik). Heute setzt HU teilweise auf die Zweiarmtechnik für die hochbelasteten Bootsräder seiner Offroad-Gespanne. Allerdings übernehmen gleich zwei Stoßdämpfer die Abstützung. Damit ist die Austauschbarkeit der Federelemente rundum gewährleistet. Gelegentlich werden auch Querstabilisatoren zwischen Hinter- und Seitenradaufhängung eingesetzt. Sofern diese korrekt berechnet sind, bringen sie beim Überfahren von Wellen zusätzlich Ruhe in das Fahrwerk – dies vor allem, wenn die Hinterraddämpfung in Rechtskurven bei hohen Geschwindigkeiten extrem gefordert wird.

Als Sonderfall ganz anderer Art läuft der EML GT Twin von W-Tec auf zwei Zwölf-Zoll-Rädern, die im Abstand von 90 cm hintereinander angeordnet sind. Das hintere Rad des Luxusbootes wird von einer Schubschwinge, das vordere von einer Trapez-Querlenkerschwinge geführt. Je ein Federbein stützt diese Bauteile ab, vorne findet sich zudem eine Scheibenbremse. Damit das Gespann in Kurven fahrbar ist, wird das vordere Rad über ein Gestänge mitgelenkt. EML strebt mit diesem Konzept mehr Kippsicherheit in Linkskurven sowie einen Komfortgewinn an. Auch wenn sich beides gleichermaßen mit Einrad-Beiwagen erzielen lässt, bleibt diese einzigartige technische Lösung ein probates, aber auch polarisierendes Marketing-Instrument.

Abb. 3.47
EML verwendet beim GT-Twin 12-Zoll-Räder. Das vordere Rad lenkt mit und ist gebremst.

Seitenradlenkung mit Varianten

Gelenkte Seitenräder gab es allerdings schon lange bevor der GT Twin sie zwingend notwendig machte. Je größer Spur und Vorlauf ausfallen, desto stärker arbeitet ein Seitenrad gegen die Lenkung. Hersteller von breiten Tourengespannen, die auf maximale Kippsicherheit in Linkskurven setzen, greifen daher gerne zu dieser Lenkhilfe. HGT und Side Bike bedienen sich dabei vornehmlich mechanischer Gestängetransmissionen. Allerdings bedarf es ausgeklügelter Umlenkungen, um die Kreisbahnen beider Räder in Rechts- und Linkskurven gleichermaßen korrelieren zu lassen.

Während Comete/Comanche und Kyrnos von Side Bike über eine Gestängetransmission zur Seitenrad-Lenkung verfügen, übernimmt beim Renaissance ein Hydrauliksystem diese Aufgabe. Damit dieses auch bei allen Außentemperaturen spielfrei funktioniert, wird die Hydraulikflüssigkeit tiefgekühlt in die Leitung gefüllt. Gegenüber mechanischen Systemen ist die Hydraulik mit weniger innerem Widerstand behaftet, da Hebel und Gelenke entfallen. Die bereits erwähnte Mehrlenker-Aufhängung von Lefèvre lenkt durch eine spezielle Anordnung der Radführungsstreben beim Ein- und Ausfedern in begrenztem Maß passiv mit, eine Achsschenkelaufnahme erlaubt die Umrüstung auf eine Seitenradlenkung per Gestänge.

3.5 Mehrrad-Antriebe

Abb 3.48
Serienmäßig angeboten wird von Ural ein Model mit Beiwagenantrieb.

Dass Gespanne mit einem reinen Hinterradantrieb auskommen, hat sich zigtausendfach bewiesen. Selbst schwere zweisitzige Boote lassen sich so ohne Probleme ziehen. Deshalb verzichten die meisten Hersteller auch auf kostentreibende Experimente. Anders liegt der Fall allerdings, sobald ein Gespann in unwegsamem Gelände durchkommen soll: Hier ist ein Mehrrad-Antrieb immer hilfreich. Wenn Wettbewerbsrenner für Motocross- und Gelände dennoch darauf verzichten, liegt dies einfach daran, dass sie möglichst leicht und unkompliziert bauen müssen um schnell zu sein.

Generell lässt sich das Seitenwagenrad, aber auch das Vorderrad zusätzlich antreiben. Realisiert wurde letzteres in den 1980/1990er Jahren als Option im Corda, hauptsächlich um damit auf winterlich glatten Straßen voranzukommen. Wegen des beträchtlichen Bauaufwandes und fehlender Nachfrage hat sonst kein Konstrukteur dieses Thema weiter verfolgt.

Gespanne mit zusätzlich angetriebenem Seitenrad gibt es dagegen in unterschiedlichen Ausführungen. Am weitesten verbreitet dürften bei uns die russischen Ural- und die ukrainischen Dnepr-Dreier sein. Früher besaßen die TWD-Modelle beider Marken ständigen mechanischen Kraftschluss zwischen Antriebseinheit und Beiwagenrad – Konsequenz waren gewöhnungsbedürftige Fahreigenschaften und Lastwechselreaktionen. Mittlerweile haben die Russen erkannt, dass der permanente starre Seitenradantrieb auf asphaltierten Straßen eher Nach- als Vorteile bringt. Deshalb kann man die Kraftübertragung zum Bootsrad bei den aktuellen Modellen im Bedarfsfall zuschalten.

Einen Zweiradantrieb über Wellen besitzt auch das Zeus. Doch unterscheidet sich dieses Dreirad konzeptionell ohnehin grundsätzlich von herkömmlichen Beiwagenmaschinen, im Übrigen bietet sich diese Lösung durch die Motorlage im Heck an. Die Lastwechselreaktionen ähneln denen der früheren TWD-Russengespanne: Beim Gasgeben strebt das Zeus nach links. Beim satten Drehmoment des Peugeot-Einspritzers fällt diese Reaktion in den unteren Gängen entsprechend deutlich aus, vor allem beim Ausscheren zum Überholen auf Straßen mit gewölbter Fahrbahn.

Intelligenter Visco-Antrieb

Auch wenn diese Umkehrung der Fahrdynamik nur Gewöhnungssache ist – viele Gespannfahrer erwarten von ihrer Beiwagenmaschine die bekannten typischen Verhaltensweisen. Diese lassen sich auch mit Seitenradantrieb erhalten, wie Mobec mit seinem Duodrive zeigt. Bei diesem Konzept wird der Kraftschluss zum Bootsrad über eine Viskose-Kupplung hergestellt. In deren Gehäuse liegen sich ein Antriebs- und ein Abtriebs-Schaufelrad – umgeben

Abb. 3.49
In seinem Duodrive verbaut Mobec eine Viscosekupplung, welche die Antriebskraft am Bootsrad abhängig von der Drehzahl des Hinterrades regelt.

von einer definiert viskosen Flüssigkeit – flächig gegenüber. Je größer nun der Drehzahl-Unterschied zwischen beiden gerade ist, desto stärker wird das Abtriebsrad über die erzeugte Flüssigkeitsströmung angetrieben.

Für die Gespannpraxis bedeutet dies: Je schneller das Hinterrad dreht, desto mehr Kraftschluss geht auch an das Beiwagenrad. Bei normaler Fahrt auf griffigen Straßen läuft letzteres also mit geringem Eigenantrieb mit. Bekommt das Hinterrad allerdings mehr Schlupf, legt sich auch sein Gegenüber stärker ins Zeug. Mehr Spursicherheit bei regennassen Straßen und Wegen sowie erheblich besserer Grip auf Schnee und Eis machen das Duodrive jedem herkömmlichen Gespann unter solchen Bedingungen überlegen. Auch beim Superdrive setzt Mobec auf die Viskosetechnik. Allerdings wird hier die Antriebskraft über ein Verteilergetriebe weitergeleitet. Die Superdrive-Technik beinhaltet serienmäßig einen Rückwärtsgang ebenso wie eine Geländeuntersetzung (1:4,65) – beide auch für den optionalen Zweiradantrieb.

3.6 Räder und Reifen

Abb. 3.50
Vor allem für Gespanne mit einseitigen Radaufhängungen bieten sich Räder aus dem Automobilbau an. Das Angebot an Stahl- und Alufelgen erlaubt zahlreiche individuelle Lösungen.

Nicht selten scheitert das Vorhaben, für kleines Geld einen Beiwagen an ein Motorrad zu schrauben, an den Rädern der Basismaschine. Verbundräder oder Leichtmetall-Gussräder, die vom Motorradhersteller nur für den Solobetrieb gedacht sind, akzeptieren die technischen Prüforganisation am Gespann ohne entsprechenden Betriebsfestigkeitsnachweis in der Regel nicht. Was durchaus berechtigt scheint, denn sie bergen die Gefahr, den Querkräften im Beiwagenbetrieb nicht standzuhalten. Bei Drahtspeichenrädern verhält sich die Sache

Abb. 3.51
Mit den 16- und 17-Zöllern aus dem Automobilbau eröffneten sich auch für den Gespannbau neue Perspektiven. Sie bieten zusätzliche Möglichkeiten bei der Anpassung der Übersetzung und teilweise ein harmonischeres Erscheinungsbild der Gespanne.

Abb. 3.52
Autoreifen mindern den Reifenverschleiß des Gespannes. Bei Speichenrädern werden oft die originalen Naben des Motorrades auf 15"-Felgen umgespeicht.

auf Grund deren Elastizität anders. Doch auch hier sind teilweise stärkere Speichen nötig, damit es keinen Bruch gibt. Zugmaschinen mit Drahtspeichenrädern taugen für preisgünstige Umbauten jedoch generell gut, da sich auf die vorhandenen Naben häufig kleinere Felgen speichen lassen. Achsen und Bremsen können dann weiter verwendet werden. Davon profitieren kleine Motorräder genauso wie Billigumbauten der Mittelklasse oder dicke Power-Cruiser.

Sofern Gabel und Räder der Basismaschine unverändert übernommen werden, bleibt in der Regel die Option des wahlweisen Solobetriebs offen. Ob das Motorrad mit den vom Gespannfahren kantig abgenutzten Reifen allerdings noch so harmonisch wie vorher fährt, sei dahingestellt. Allenfalls bei Schwenkern ist dies uneingeschränkt gewährleistet.

Verschleißarme Automobilreifen

Wenn man mehr mit einem Gespann anstellen will als genüsslich zu touren und wenn dabei hohe Kilometerleistungen zu erwarten sind, macht es unabhängig von den maschinenseitigen Voraussetzungen und der Leistungsklasse durchaus Sinn, auf andere Räder umzurüsten. Bei Maschinen, deren Räder nicht für den Gespannbetrieb zugelassen werden, ist dies ohnehin notwendig. Hier bieten sich Stahl- oder Alufelgen aus dem Automobil-Bereich an. Diese müssen allerdings adaptiert und mit Bremsanlagen bestückt werden. Sehr beliebt sind dabei die Räder aus dem Smart-Programm, die es in verschiedenen Ausführung gibt. Mit ihren relativ weichen Flanken bieten sich deren Reifen für den Gespannbetrieb geradezu an.

Abb. 3.53
Gespannhersteller bieten spezielle Verbundräder an, auch komplett in Leichtmetallausführung.

Einige Hersteller führen eigene Räder – zumeist als Verbundräder konzipiert – im Programm. Ganz gleich, ob Drahtspeichen-, Verbund- oder Pkw-Räder – gängig für die Umrüstung der Motorradseite sind Größen in 14 und 15 Zoll, mittlerweile kommen aber auch immer häufiger 16- oder 17-Zöller zum Einsatz. Hierfür bietet die Reifenindustrie genügend Auswahl in diversen Breiten. 13-Zöller findet man heute nurmehr am Beiwagen. Maschinenseitig reduzieren sie die Bodenfreiheit über Gebühr.

Abb. 3.54
Mit Markteinführung des Mikro-Pkw Smart ergaben sich auch für die Gespannbauer neue Möglichkeiten bei der Rad- und Reifenwahl. Der Aufbau der Reifen kommt den Anforderungen im Gespann sehr entgegen.

Die Umrüstung auf Räder mit Pkw-Bereifung birgt diverse Vorteile. So wird der Schwerpunkt abgesenkt, die Reifen stehen breiter auf, durch beide Effekte wird die Kippneigung in Kurven verringert. Über kleinere Vorderreifen lässt sich zudem der Nachlauf reduzieren. Hinterreifen mit geringerem Durchmesser sind – gerade bei Kardanmaschinen – oft das einzige praktikable Mittel, die Gesamtübersetzung zu kürzen. Daneben verschleißen Pkw-Reifen deutlich langsamer. Mit der Räderumrüstung erhöht sich im Übrigen die erlaubte Zuladung.

Doch mit den kantigen Konturen der Pkw-Pneus und wachsender Reifenbreite neigen die Gespanne zu nervösem Fahrverhalten: Nicht selten läuft die Lenkung den ausgefahrenen Rinnen in der Fahrbahn nach und lässt sich auch durch sonstige Unebenheiten vom gewünschten Kurs abbringen. Als beliebtes Heilmittel gilt hier ein Lenkungsdämpfer. Dieser kann – vor allem bei klassischen Motorrädern – als Reibungsdämpfer ausgeführt sein. Stand der Technik sind Hydraulikelemente, am besten mit verstellbarer Dämpfungsstärke und Dämpfungswirkung bereits aus der Null-Lage heraus (Stabilus/Sachs). Unerlässlich sind Lenkungsdämpfer bei Offroad-Gespannen. Der Fahrer kann die auf das Vorderrad durch Pistenbeschaffenheit einwirkenden Querschläge nicht selbst kompensieren.

Schwierige Reifenwahl

Auch durch die Wahl der Reifen kann man ein Gespann unempfindlich gegen Spurrinnen machen. So kombinierte Walter einen breiten Hinter- mit einem schmaleren Vorderreifen aus dem Pkw-Bereich. Schmidt-Gespannbau stattet seine Umbauten gerne vorne mit einem Motorradreifen aus, dessen runde Kontur auf alle Arten von längs verlaufenden Fahrbahnunebenheiten neutraler reagiert. Hinten kann dennoch ein verschleißarmer Automobilreifen aufgezogen werden, da Mischbereifung am Gespann zulässig ist. Inzwischen werden auch dicke Hinterreifen von Großrollern (z. B. 160/60 x 15) für das Vorderrad verwendet. Allerdings ist ihre Kombination mit Felgen aus dem Pkw- oder Gespannsektor wegen der nicht aufeinander abgestimmten Einpresstiefen umstritten.

Bei der Wahl des Reifentyps tut der Laie zunächst gut daran, sich an den Empfehlungen seines Gespannherstellers zu orientieren. Vor allem bei gängigen Pkw-Größen ist die Auswahl und damit auch die Verführung zu Experimenten groß. Doch kann man hier unliebsame Überraschungen erleben, zumal bei asymmetrischen Mischungen und Profilen. Auch harmonieren nicht alle Lenkungen mit jedem Reifen. Weil Gespanne oft Einzelstücke sind, kann der Hersteller unmöglich in aufwändigen Versuchsreihen das komplette Reifenangebot durchtesten. Wer als „Verbraucher“ Experimente wagt, muss damit rechnen, Lehrgeld zu bezahlen. Wobei gerade das Experimentieren für manchen Gespannfan das Salz in der Suppe ist.

Das gilt in gewissem Rahmen auch für den Reifenluftdruck. Grundsätzlich aber gilt: Motorradreifen brauchen meistens etwas höheren Druck als für die Solomaschine empfohlen. Bei Autoreifen ist weniger dagegen in den meisten Fällen mehr. Je breiter und flacher der Reifen baut, desto mehr Zurückhaltung ist beim Aufpumpen angebracht. Schließlich muss der Pneu entscheidend weniger Gewicht tragen als bei den tonnenschweren Pkw, für die er konzipiert wurde. Schon für einen 165/60er können am Vorderrad Werte um 1,3 bar reichen. Ähnliches gilt für unbeladene Seitenwagen, soll das Rad nicht bei jedem Fahrbahnstoß wie ein Flummiball hüpfen. Genauso wichtig wie die Überprüfung des Motorölstandes ist die regelmäßige Kontrolle des Reifenluftdrucks. Was nutzen schließlich die tollsten Lenksysteme, die ausgeklügelsten Seitenradführungen und die „premiumsten" Federbeine, wenn solch simple und dabei kostenlose Routinekontrollen vernachlässigt werden?

3.7 Bremsen

Grundsätzlich stellt sich zunächst einmal die Frage, ob eine Bremse für das dritte Rad überhaupt unbedingt notwendig ist. Leistungsschwache Motorräder und Roller kommen eigentlich ohne Seitenrad-Stopper aus. Aber: Die Zugmaschinen bauen oft relativ kurz und wiegen wenig, entsprechend stark macht sich auch hier die Masse des Beiwagens bei Vollbremsungen bemerkbar. Wird er nicht mit verzögert, drückt er das Gespann im Extremfall auf die Gegenfahrbahn. Schon beim Superelastik von MZ oder bei den Velorex-Booten war die Seitenradbremse Standard.

Abb. 3.55
Mit zwei Zangen lassen sich auch Einscheibenbremsen in den Hand- und den Pedalbremskreis einbinden.

Abb. 3.56
Innenbelüftete Bremsscheiben aus dem Automobilbau sind nicht nur bei Sportgespannen wie dem Ruko Vektor sinnvoll.

Früher erfolgte die Übertragung der Bremskräfte rein mechanisch, oft über einen Mitnehmerhebel am Pedal und Seilzug respektive Gestänge. Grundsätzlich kann über einen solchen Mitnehmer auch eine separate Hydraulikbremse bedient werde. Diese Technik erlaubt eine problemlose Demontage des Seitenwagens (optionaler Solobetrieb) und erspart Eingriffe in die bei modernen Zugmaschinen oft komplexen Hydrauliksysteme. In punkto Dosierbarkeit und Ansprechverhalten sind rein hydraulische Koppelungen allerdings überlegen.

Abb. 3.57
Um auch das Hinterrad in den Hand- und den Pedalbremskreis einzubeziehen, montieren Sauer/Müller bei leistungsstarken Gespannen zwei Sättel im Heck.

Hierbei wird die Seitenradbremse – Trommel oder Scheibe – als Standardlösung mit dem Handhebel oder dem Pedal kombiniert. Bei den aktuellen, bissig zupackenden Vorderrad-Bremsanlagen scheint es aber umso wichtiger, diese mit einer Beiwagenbremse zu ergänzen. Denn bei einer Schreckbremsung kann das Rad schlagartig blockieren und heftig nach links ausbrechen. Dies muss nicht nur ungeübten Chauffeuren widerfahren. Auch wer häufig die Motorräder wechselt (Solo/Gespann), dürfte sich schwer tun, in solchen Situationen wohldosiert – wie beim Sicherheitskurs gelernt – zu bremsen.

Abb. 3.58
Die originalen Bremsen können beim Gespannumbau in der Regel weiter verwendet werden. Teure Achtkolbensättel wie hier können die Bremsleistung verbessern und werten das Gespann auf.

Sicher mit Seitenradbremse

Selbst wenn Routiniers mit diesen Standard-Bremskombinationen bestens zurecht kommen mögen und darauf schwören – dem Stand der Technik entsprechen sie nicht mehr, vor allem nicht für sportlich orientierte und leistungsstarke Gespanne. Schon Anfang der 1980er Jahre machte sich Michael Schepsky (R.O.S.) Gedanken über gleichermaßen effektive und spurstabile Bremskombinationen. Bei seinen Moto-Guzzi-Umbauten beließ er das Integralsystem der Zugmaschine und zapfte für das Bootsrad die Handbremshydraulik an, mit der die rechte vordere Zange aktiviert wird. Heutzutage werden immer mehr Motorräder mit Kombi-Bremsanlagen ausgestattet (BMW, Honda CBS etc.). Unter Sicherheitsaspekten ist unabhängig vom Vorhandensein eines solchen Systems anzustreben, dass das Beiwagenrad sowohl per Hand- als auch per Pedalbremse mit verzögert wird. In der Regel verwenden die Hersteller dafür Scheibenbremsen mit zwei Zangen.

Abb. 3.59
Kombibremse mit zwei Bremssätteln am Beiwagenrad von Bode an einer Suzuki-GSX 1400.

Auch wenn die Zugmaschine nicht bereits über eine Integralbremse verfügt, lässt sich die Bremsanlage so auslegen, dass mit dem Pedal oder dem Handhebel alle drei Räder verzögert werden – oder als Doppelverbundbremse sogar mit beiden Bedienelementen. Sauer/Müller installieren dazu eigens eine zweite Zange auch an das Hinterrad. Für das Vorderrad ist diese Lösung zumindest bei leistungsstarken Gespannen mit Achsschenkellenkung schon lange Standard. Teilweise kommen hier auch Scheiben mit Innenbelüftung zum Einsatz. Was gewiss Sinn macht, wenn man bedenkt, wie viel Reibungshitze zwei kräftig zupackende Vierkolbenzangen bei strammen Passabfahrten erzeugen.

Damit Seitenräder nicht unter- oder überbremsen, muss die Bremsanlage entsprechend auf die Radlasten abgestimmt sein. Was bei den stark schwankenden Beladungszuständen von Beiwagen durchaus ein Problem darstellt. Deshalb sei in diesem Zusammenhang erwähnt, dass es zum Beispiel von Lucas-Girling zur Anpassung der Bremskraft einen einstellbaren Regler gibt, der für alle hydraulisch angebundene Bootsbremsen taugt.

ABS als Herausforderung

Abb. 3.60, Seite 62 & 63
Die Abbildungen zeigen das Antiblockiersystem am Zeusgespann von Side Bike (F). Oben Vorderrad, unten links Hinterrad, unten rechts Beiwagenrad.
Deutlich zu erkennen sind die Verzahnungen für den Geber.

Spezielle Anti-Blockier-Systeme sind bei Gespannen noch die Ausnahme. Side Bike bietet ein auf alle drei Räder wirkendes ABS für seinen mit einem kompletten Zweikreisbremssystem ausgerüsteten Zeus an, mutmaßlich griff den Franzosen dabei Komponenten-Lieferant Peugeot hilfreich unter die Arme. Auch Lefèvre entwickelte in den frühen 1990er Jahren mit Automobil-Komponenten ein ABS. Die meisten Hersteller adaptieren jedoch die Blockierverhinderer der Basismaschinen. Bei den massiven Eingriffen in deren Fahrwerke – Wechsel von Rädern, Reifen, häufig auch Radführungen; andere Achslasten – kann es dabei notwendig werden, den Regelbereich mittels geänderter Impulsgeber-Zahnkränze anzupassen. Die Seitenradbremsen können in der Regel so in das Hydrauliksystem eingebunden werden, dass sie über das ABS mitgeregelt sind. Problematisch wird die Integration der zusätzlichen Hydraulik allerdings bei den Stoppern der BMW-Modelle mit Bremskraftverstärker und bei den aktuellen Modellen mit elektrischem „Bremsassistenten“. Da solch komplexe Technik die Gespannbauer vor Probleme stellt, die sich bislang nicht perfekt lösen lassen, scheint es fast ratsam, bei diesen Modellen auf das ABS zu verzichten oder auf ein Motorrad auszuweichen, das in diesem Belang eher beiwagenkompatibel ist. Als Notnagel böte sich auch die bereits erwähnte Betätigung der Seitenradbremse über einen Mitnehmerhebel an, weil hier die motorradseitige Hydraulik unangetastet bliebe. Aus technischer Sicht scheint diese Lösung allerdings auch nicht befriedigend.

Anders verhält sich die Sache, wenn der Seitenwagen für Solofahrten zwischenzeitlich abgeschraubt werden soll. Dann muss auch die Bremsanlage mit wenigen Handgriffen entkoppelbar sein, wobei das Mitnehmerpedal keinerlei Montagearbeit erfordert. Eleganter scheint hier allerdings der Anschluss der Seitenradbremse über eine Hydraulik-Schnellkupplung, die ein Trennen und Verbinden der Leitungen ohne Flüssigkeitsverlust erlaubt.

3.8 Alternative Konzepte

Die Idee, einen Automobilmotor in ein Gespann zu verpflanzen, ist weder neu noch ungewöhnlich. Zahlreiche Eigenbauten stehen dafür als Beispiele. Auf gewerblicher Ebene entwickelte in den 1980er Jahren Wolfgang Rabe ein Gespann mit Pkw-Antrieb, das dann in Serie produziert und professionell vermarktet werden sollte. Obwohl sein Corda sich in wesentlichen Merkmalen von herkömmlichen Gespannen unterschied, übernahm es immerhin die Anordnung des Audi-Motors zwischen den maschinenseitigen Rädern. Zu den technischen Besonderheiten gehörten Zweirad- oder wahlweise Dreiradantrieb. Das Fahrwerk basierte auf einem Spezialrahmen mit Achsschenkellenkung. Das Corda-Projekt scheiterte allerdings wegen finanzieller Schwierigkeiten bereits während der Anlaufphase.

Mit dem Zeus ging Side Bike einen Schritt weiter. Sein aus dem Peugeot 206 stammender Motor ist im Bootsheck untergebracht, unter der maschinenseitigen Karosserie findet sich ein großer Gepäckraum. Serienmäßig wird das Beiwagenrad über eine Welle und eine gekapselte Kette zum Ausgleich des Vorlaufes mit angetrieben. Das Fahrwerk zeichnet sich durch Achsschenkellenkung, mitgelenktes Hinterrad und Zweikreis-Bremssystem mit wahlweisem ABS aus.

Sonderfall Zeus

Abb. 3.61
Die Sitzposition auf dem Zeus ist zunächst gewöhnungsbedürftig. Der Motor sitzt nicht zwischen den Beinen des Fahrers, sondern im Heck des Beiwagens.

Vom Automobil übernahm Side Bike auch die meisten Bedienungselemente: Gas, Bremse und Kupplung werden per Pedal betätigt. Damit die Hände immer am Lenker bleiben können, erfolgt die Schaltung des Fünfganggetriebes mit Rückwärtsgang elektrisch per Tiptronic. Auf die Fahreigenschaften sind wir zum Teil bereits im Kapitel Mehrrad-Antriebe eingegangen. Bleibt zu ergänzen, dass dem Zeus durch die Gewichtsverteilung ein Kippen in Kurven völlig fremd ist. Vom Fahrgefühl her unterscheidet sich das Zeus dadurch und wegen seines bereits erwähnten andersartigen Kurvenverhaltens stark von konventionellen Beiwagenmaschinen.

Abb. 3.62
Fast wie beim Auto ist die Pedalbetätigung beim Zeusgespann von Gas, Bremse und Kupplung.

Ein nicht minder extremes Dreirad hat auch Team Sidecar auf drei Räder gestellt. Als Basis für das vollverkleidete Fahrzeug dient ein Gitterrohrrahmen. Die meiste Technik inklusive des Motors übernahm Konstrukteur Andreas Zelle aus dem VW Golf II GTI. Das SRS besitzt ein Lenkrad und Pkw-Pedalerie. Zur geplanten Serienfertigung kam es allerdings nicht.

Abb. 3.63
RSR-Supersportgespann mit Alu-Bodenplatte, Gitterrahmenaufbau und Querlenker-Radführungen rundum.

Dagegen könnte das Gespann, an dem Racing-Chassisbauer RSR arbeitet, demnächst mit Straßenzulassung erhältlich sein. Basis ist eine Alu-Bodenplatte in Sandwich-Bauweise mit einem Gitterrahmen-Aufbau aus Stahlrohr. Das Vorderrad wird über Querlenker samt Achsschenkellenkung geführt, auch die beiden anderen Räder hängen an Doppelquerlenkern. Fahrer und Beifahrer thronen auf Schalensitzen. Mit elektromechanischer Schaltung und einem per Elektromotor auf das Beiwagenrad wirkenden Rückwärtsgang unterscheidet sich das RSR zudem von konventionellen Gespannen. Der Motor sitzt schwerpunktgünstig zwischen Hinter- und Seitenrad, der Endantrieb erfolgt über eine Kette und eine Antriebswelle zum Hinterrad. RSR bevorzugt den Suzuki Hayabusa, auch andere Reihenvierzylinder sind möglich.

Vektor für Sportfans

Bereits seit 2006 ist das von Straßenrenngespannen inspirierte Ruko Vektor Realität. Dieses Supersportgespann mit extrem langen Radstand (1950 mm) basiert auf einem komplett verschweißten Stahlrohrchassis mit der Achsschenkellenkung Vario IV der Metzinger Manufaktur. Für das Hinterrad verwendet Ruko eine Querlenkerschwinge, für das Seitenrad die auch bei anderen Gespannen zum Einsatz kommende Doppellinearführung. Der Motor ist zur Optimierung des Schwerpunktes mittig und nach hinten versetzt platziert. Da die Antriebskette nun zur rechten Seite des von einem Doppelquerlenker geführten Hinterrades läuft, eignen sich alle leistungsstarken Triebwerke mit linksseitigem Abtrieb.

Abb. 3.64
Mit dem Vektor schlägt Ruko eine Brücke von den Straßen- zu den Renngespannen.
Der Motor ist schwerpunktgünstig platziert.

3.9 Schwenkergespanne

Als Kombinationen aus Motorrad und Seitenwagen zählen die Seitenneiger eindeutig zu den Gespannen. Von ihren starr verschraubten Pendants unterscheiden sie sich im Fahrverhalten jedoch wesentlich. Je nach Bauart nehmen die Zugmaschine oder auch der Beiwagen Kurven in Schräglage. Voraussetzung dazu ist eine entsprechend gelenkige Verbindung beider Komponenten. Armec und Kalich schrauben ihre Schwenker-Boote über zwei Kugelgelenke an. Diese sind an speziellen Hilfsrahmen mittig in der Maschinen-Längsebene und möglichst tief platziert. Dadurch bleibt der Einfluss des immer in der Horizontale fahrenden Beiwagens beim Schräglagenwechsel des Motorrades gering. Für dieses Konzept eignen sich alle Maschinen mit nicht zu großer Baubreite: BMW-Boxer oder unverkleidete Reihenvierzylinder lassen sich durchaus noch mit einem Sidewinder (Armec) oder Swing (Kalich) kombinieren. Diese Gespanne fahren sich eher wie Solomotorräder, wobei der Seitenwagen einen spürbaren Einfluss auf die Lenkung ausübt.

Abb. 3.65
Stoß mich, zieh mich: Beim Armec-Schwenker bleibt das Boot in der Horizontalen. Es ist über zwei Kugelgelenke angeschlossen.

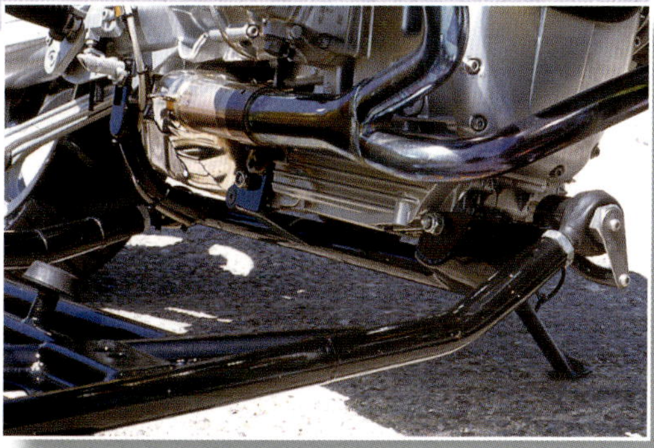

Abb. 3.66

Kompromiss für Schräglagenfans

Beim nicht mehr hergestellten Flexit des Südafrikaners Hannes Myburgh schwenken Motorrad und Boot parallel in die Kurven. Dabei stützt sich die Flexit-Gondel über zwei hintereinander liegende Streben am Hilfsrahmen des Motorrades ab. Zwei Rollenkettenstränge im hinteren Anschlussrohr sorgen dafür, dass die Kombination nicht zusammenklappt. Vor allem große Motorräder taugen für das Flexit. Weiterentwickelt wurde das Konzept von Avantgarde, doch zu einer Serienfertigung kam es bislang nicht. Side Bike führte in den 90er Jahren einen Parallelpendler mit einer Abstützung über Gestänge und Gelenke im Programm. Das vornehmlich für Enduros konzipierte Toro konnte sich letztlich jedoch nicht am Markt behaupten.

Abb. 3.67
Paralell-Pendler: Beim Flexit schwenken Motorrad und Boot gemeinsam in die Kurve.

Auch Flexit, Avantgarde und Toro fahren sich eher wie Solomaschinen. Die großen geschwenkten Massen erfordern aber mehr Maschinenbeherrschung als Sidewinder/Swing. In Linkskurven machen sich Parallelpendler jedoch weniger breit. Da bei diesen Seitenneiger-Konzepten die Basismotorräder weitestgehend unangetastet bleiben und sich im Gespannbetrieb die Reifen relativ rund abnutzen, taugen diese Fahrzeuge nahezu ideal für den wahlweisen Solobetrieb. Anders als bei starren Gespannen ist es dem Fahrverhalten sämtlicher Seitenneiger eher förderlich, wenn man zunächst die Maschine und dann das Boot belädt.

4. Die Theorie zum Gespannfahren

Bernhard Götz

Anfang der 70er Jahre hatte die Zahl der zugelassenen Gespanne stark abgenommen. Die damals vorhandenen zwei Motorradzeitschriften berichteten kaum noch über Gespanne. Das Wissen über Motorräder mit Beiwagen drohte verlorenzugehen. Einige Gespannbegeisterte beim Bundesverband der Motorradfahrer (BVHK) wollten das verhindern und veranstalteten einen Gespannfahrerlehrgang. Es stellte sich heraus, dass es fast nichts Schriftliches gab um die Erklärungen, wie ein Gespann überhaupt funktionierte, weitergeben zu können. Aus dieser Erkenntnis entstand wenig später das Heft mit dem Titel „Leitfaden für Gespannfahrer“ von Edmund Peikert. In den folgenden Jahren sind weitere Leitfaden und Handbücher für Gespannfahrer entstanden. Im Folgenden haben wir daraus die wichtigsten theoretischen Grundlagen des Gespannfahrens zusammengefasst und versucht diese möglichst einfach darzustellen.

Alle Annahmen und Beispiele beziehen sich auf Gespanne, bei denen das Hinterrad angetrieben wird und der Beiwagen rechts montiert ist.

Wir weisen ausdrücklich darauf hin, dass bei allen angesprochenen Möglichkeiten das Gespannfahrwerk anders einzustellen, dies nur vom Fachmann vorgenommen werden soll.

Kapitelinhalt:

4.1 Die Spurbreite

Die Gespannhersteller geben dem Gespann bestimmte Fahr- oder Gebrauchseigenschaften indem sie einige grundsätzliche Maße des Gespannes festlegen.

Die Spurbreite, auch Spurweite genannt: Es ist der Abstand des Seitenwagenrades von der Motorradlängsachse.
Bei Spurbreiten von bis zu 1,20 Metern spricht man von Schmalspurern. Sie sind fast nur noch bei Rollergespannen üblich. Mit den heute im Gespannbetrieb verwendeten Motorrädern sind Spurbreiten zwischen 1,30 und 1,40 Meter die Regel.

Zur Spurbreite kann man generell sagen:

1) Gespanne mit kleinen Spurbreiten können im Verhältnis zu ihrer Motorleistung schneller sein. Sie sind wendig und agil. Man kann blitzschnell um enge Ecken flitzen. Fährt man damit schnell, muss man sich fahrerisch mehr anstrengen.

2) Gespanne mit großen Spurbreiten sind behäbiger. Mit der Breite des Gespanns steigen der Luftwiderstand, der Benzinverbrauch und die Hebelkräfte. Wünscht man sich einen bequemen 1,5- oder 2-Sitzer-Beiwagen, sind Spurbreiten unter 120 cm nicht mehr zu realisieren.

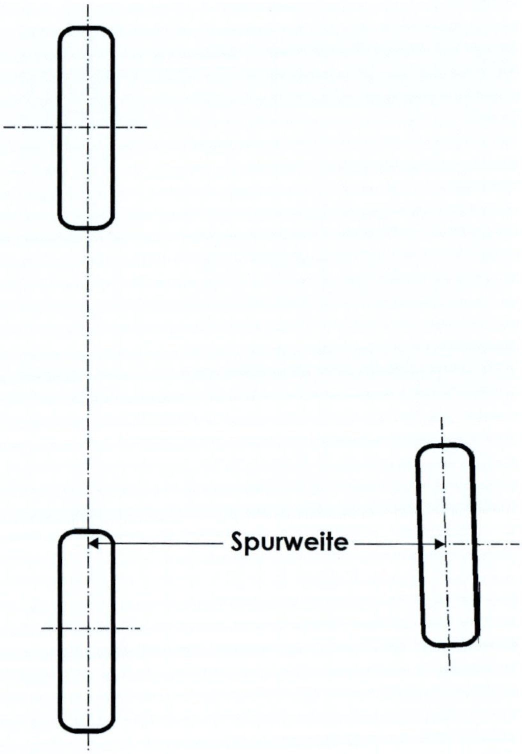

Abb. 4.01
Die Spurbreite hat großen Einfluss auf die Fahreigenschaft und Höchstgeschwindigkeit.

4.2 Der Radstand

Der Abstand von Vorder- und Hinterrad gemessen an den Radachsen bezeichnet man als Radstand. Noch bis in die 70er Jahre des letzten Jahrhunderts waren die Fahrwerksmaße der Motorräder sehr ähnlich. So lag der Radstand immer um die 1400 mm, dabei lagen die Spurweiten der Gespanne meist unter 1200 mm.
An modernen Motorrädern mit Spurweiten von bis zu 1600 mm wächst natürlich der Hebel, an dem das Gewicht des Beiwagens zerrt. Um diesem ungünstigen Hebel entgegenzuwirken, verlängern die Gespannhersteller den Radstand. Durch Spezialfahrwerke werden Radstände von teilweise über 1800 mm erzielt. Solch erhebliche Unterschiede haben gewaltige Auswirkungen und verändern die Fahreigenschaften.

Der Radstand hält das Fahrzeug geradeaus – je länger desto besser. Das heißt beim Beschleunigen: Der Fahrtwiderstand am Beiwagen zieht das Gespann weniger nach rechts. Die wirkenden Hebel, auf welche wir noch zu sprechen kommen, sind ausgeglichener als bei einem kurzen Radstand.

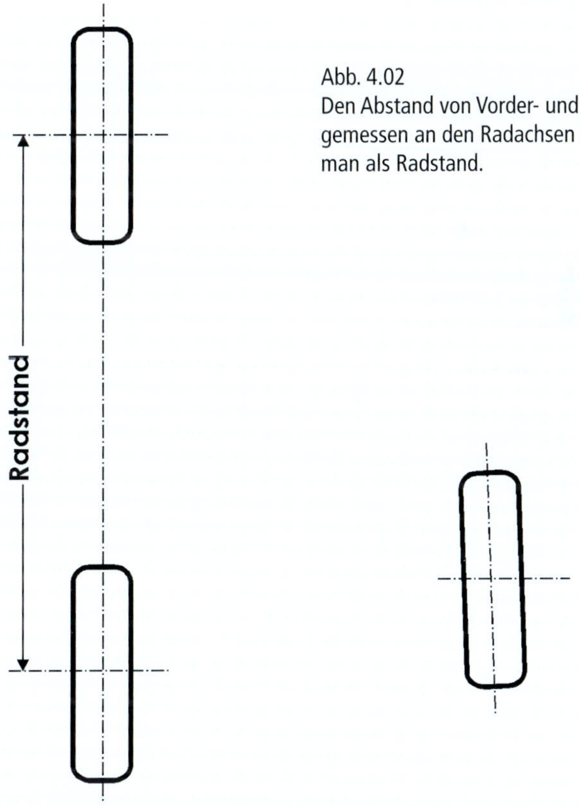

Abb. 4.02
Den Abstand von Vorder- und Hinterrad gemessen an den Radachsen bezeichnet man als Radstand.

4.3 Die Vorspur

Die Vorspur am Beiwagen ist der Unterschied zwischen den beiden Radlängsachsen – gemessen auf der Vorderradachse. Dabei wird das Rad am Seitenwagen so montiert, dass es nach innen läuft.

Legen wir eine lange gerade Holzlatte an Vorder- und Hinterrad und eine weitere Spurlatte an den Reifen des Seitenwagens, stellen wir fest, dass der rechtwinklig gemessene Abstand zwischen den Latten hinten größer ist als vorne.

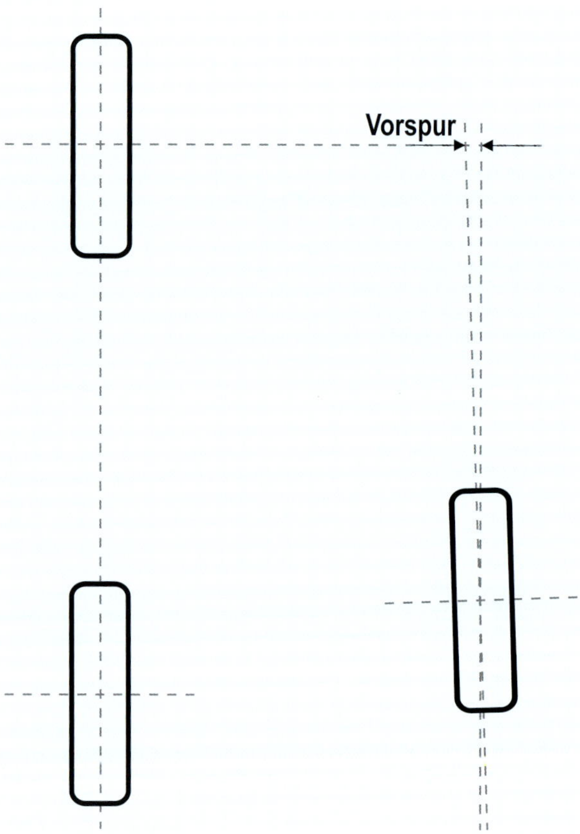

Abb. 4.03
Das Beiwagenrad läuft nicht parallel mit den Maschinenrädern, sondern ist leicht nach innen gedreht. Die dadurch sich ergebende Differenz in Millimetern, gemessen auf der Radachse des Vorderrades, ist die Vorspur.

Je weiter das Seitenwagenrad nach vorn versetzt wird (Vorlauf), desto größer wird die Wirkung der Vorspur.
Gespanne mit zu großer Vorspur laufen bei hohen Geschwindigkeiten unruhig. Leider lässt sich aber nicht sagen, bei wie viel Millimetern eine Vorspur zu groß wird. Außer den Fahrwerksmaßen hat auch die Reifenbauart einen erheblichen Einfluss auf die Wirkung der Vorspur.

Anhand unseres Gespannmodells können wir die Auswirkung der Vorspur deutlich machen: Wir stellen eine extrem große Vorspur ein und fahren mit geradeaus gestelltem Lenker über ein Blatt Papier. Das Rad rollt nicht mehr sauber ab, es radiert und stellt das Papier auf. Bei einer Vorspur Null, bleibt das Blatt glatt liegen, das Beiwagenrad läuft ohne Widerstand.

Abb. 4.04
Es ist eine extrem große Vorspur eingestellt, das Beiwagenrad radiert und stellt das Papier auf.

Das heißt: Auf der Straße würde das Rad das Gespann nach links drücken. Bauen wir einen Elektromotor in unser Modell ein, steigt bei großer Vorspur die Stromaufnahme an, ein Zeichen für erhöhtes Radieren. Gelingt es nicht mit der Vorspur den Rechtszug des Seitenwagens auszugleichen, könnte der Gespannhersteller der Zugmaschine einen Sturz geben. Ob dies sinnvoll ist, liegt wiederum am Fahrwerkskonzept und entscheidet der Hersteller.

4.4 Der Sturz

Positiver Sturz (im Allgemeinen nur Sturz genannt) ist eine geringe Neigung des Motorrades zu der dem Seitenwagen abgewandten Seite. Beim Rechtsseitenwagen also nach links.

Die Regel aus dem Physikbuch:

Sobald ein Rad zur Ebene, auf der es läuft, schief steht, läuft es nicht mehr gerade, sondern auf einem Kreisbogen. Der Mittelpunkt dieses Kreisbogens ist da, wo die geometrische Achse auf die Laufebene trifft.

Das können Sie testen: Fahren Sie mit einer Schubkarre gerade aus. Halten Sie die Griffe aber nur lose in den Händen. Dann heben Sie den rechten Griff etwas an. Das Rad hat jetzt Sturz, die Karre läuft nach links!

In der Praxis ist der Sturz bei Gespannen ein Mittel, um den Geradeauslauf des Gespanns zu korrigieren. Allerdings nur bei Gespannen mit Motorradbereifung.

Abb. 4.05
Das Modell wurde ohne Sturz zehn Mal vor und zurückgefahren, es blieb in der Spur.

Gespanne mit Autoreifen werden im unbelasteten Zustand senkrecht gestellt. Würde man hier Sturz geben, liefen die Räder der Zugmaschine auf der Reifenkante. Das würde sehr schnell am einseitig abgefahrenen Reifen deutlich. Die Hersteller von autobereiften Gespannen müssen auf den Einflussfaktor Sturz verzichten. Jedoch auch bei einem optimal eingestellten Gespann ändert sich die Geradeauslaufeigenschaft durch Fahrbahnveränderung und Schwerpunktverlagerung. Bei einem Gespann mit Motorradreifen kann es durchaus sinnvoll sein, vor einer längeren Urlaubsfahrt mit voll beladenem Beiwagen, den Sturz zu vergrößern, um den Rechtszug durch die Beiwagenmasse auszugleichen.

Abb. 4.06
Um die Wirkung zu verdeutlichen, wurde übertrieben viel Sturz eingestellt. Das Modell wurde wieder zehn Mal vor- und zurückgeschoben. Nach jeder Fahrt wanderte es um eine Reifenbreite nach links.

4.5 Der Vorlauf

Krafträder mit Beiwagen sind asymmetrische Fahrzeuge. Das heißt: Hinterrad und Beiwagenrad sind nicht auf gleicher Höhe. Bei Gespannen läuft das Beiwagenrad vor dem Hinterrad. Die Differenz in Millimetern ist der Vorlauf.
Ohne den Vorlauf würde die Beiwagenschnauze wohl in jeder Linkskurve Straßenkontakt bekommen. Das Fahrzeug wäre nicht fahrbar. Ein zu großer Vorlauf wiederum kann die erforderlichen Lenkkräfte deutlich ansteigen lassen.
Auch der Vorlauf hat einen großen Einfluss auf das Geradeauslaufverhalten, besonders bei Gespannen, die nicht auf Autoreifen laufen.

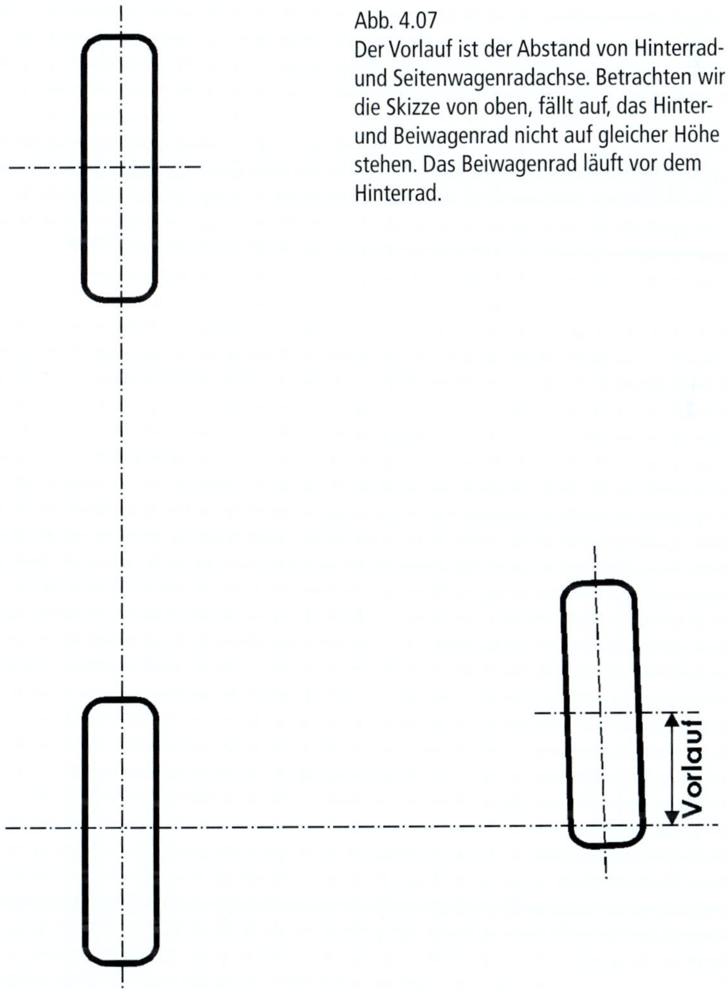

Abb. 4.07
Der Vorlauf ist der Abstand von Hinterrad- und Seitenwagenradachse. Betrachten wir die Skizze von oben, fällt auf, das Hinter- und Beiwagenrad nicht auf gleicher Höhe stehen. Das Beiwagenrad läuft vor dem Hinterrad.

4.6 Der Nachlauf

Der Nachlauf ist ein Mittel, um die Lenkung zu stabilisieren. Auch beim Gespann macht ein langer Nachlauf die Lenkung richtungsstabil – tendenziell aber auch schwergängig.

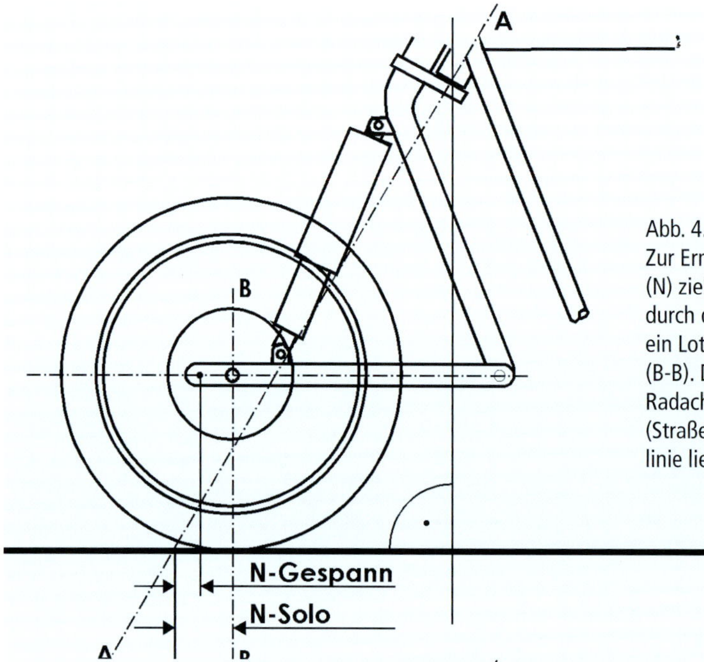

Abb. 4.08
Zur Ermittlung des Nachlaufs (N) zieht man eine Linie (A-A) durch die Lenkachse und fällt ein Lot durch die Radachse (B-B). Das Maß, um das die Radachse auf der Bezugsebene (Straße) hinter der Steuerkopflinie liegt, ist der Nachlauf.

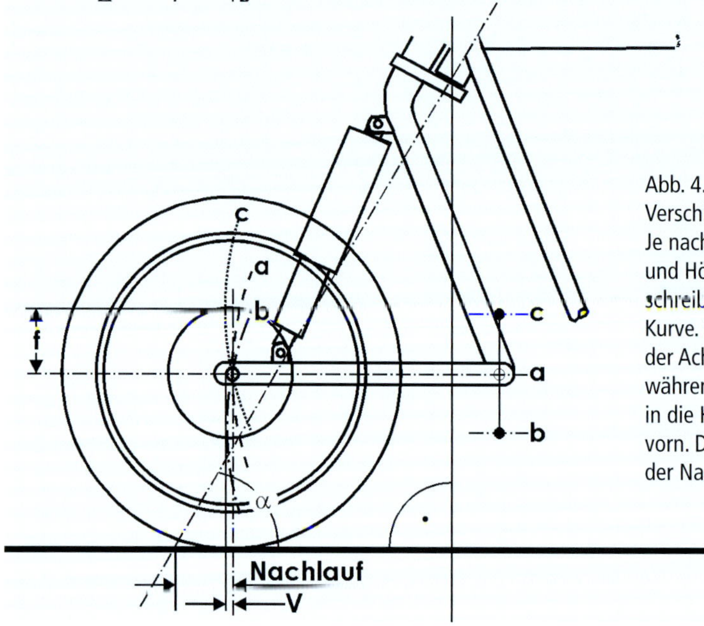

Abb. 4.09
Verschiedene Drehpunkthöhen. Je nach Baulänge der Schwinge und Höhe des Drehpunktes beschreibt die Achse eine andere Kurve. Liegt der Drehpunkt über der Achse (C), läuft die Kurve während des Einfederns (f) bis in die Höhe der Lagerung nach vorn. Dadurch verkleinert sich der Nachlauf (V).

Zwei Methoden zum Messen des Nachlaufs

1. (siehe Abb. 4.10)
- Messen Sie den Abstand der Bohrungen Joche/Steuerrohr.
- Machen Sie sich ein Lineal aus Vierkantrohr, an dem sie einen Abstandhalter anschweißen.
- Der Abstandhalter muss so breit sein, dass die linke Kante des Lineals der Mitte des Steuerkopfs entspricht, wenn Sie das Lineal so befestigen wie auf Abb. 4.10.
- Die Spitze des Lineals zeigt auf dem Boden die verlängerte Lenkkopfmitte an.
- Jetzt müssen Sie nur noch mit dem Winkel die Achsmitte auf den Boden anzeichnen und können den Nachlauf messen.
- Voraussetzung ist natürlich, dass die Joche parallel sind.

Abb. 4.10
Nachlaufmessung mit dem speziellen Lineal. Der Winkelmesser aus dem Baumarkt liegt auf dem Boden.

2. (siehe Abb. 4.11)

- Stellen Sie den Lenkkopfwinkel fest. Er kann beim umgebauten und belasteten Gespann allerdings vom Ursprungswert abweichen.
- Markieren Sie die Mitte des unteren Steuerkopflagers (M), je nach Fahrzeugtyp ist dieser Punkt nicht immer einfach zu finden.
- Von diesem Punkt bis zum Boden messen Sie die Lenkkopfhöhe (h) in Millimetern.
- Dann halten Sie den Bindfaden eines Lotes auf diesen Mittelpunkt und „fällen“ das Lot auf den Boden, machen an dieser Stelle (B) einen Strich.
- Von Achsmitte holen Sie wieder ein Lot auf den Boden, machen einen Strich (A), messen den Abstand zwischen den beiden Strichen (C) in Millimetern.

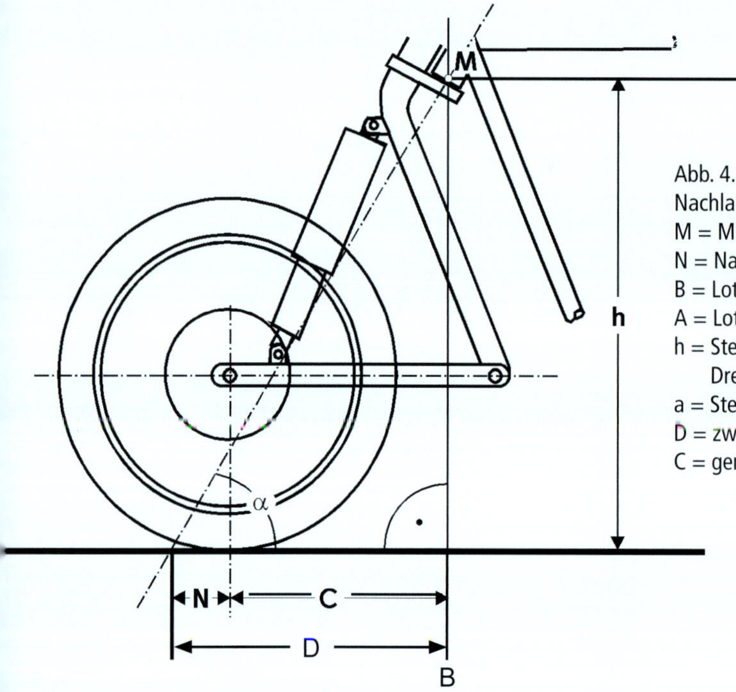

Abb. 4.11
Nachlaufmessung:
M = Mitte unteres Steuerkopflager
N = Nachlauf = 50 mm
B = Lot Mitte Steuerkopf
A = Lot Achsmitte
h = Steuerkopfhöhe, erste Seite des Dreiecks = 780 mm
a = Steuerkopfwinkel = 620 mm
D = zweite Seite des Dreiecks = 415 mm
C = gemessene Strecke = 365 mm

Jetzt kommt etwas Theorie aus „Winkelfunktionen am rechtwinkligen Dreieck“. Sie sagt aus, wenn man an einem rechtwinkligen Dreieck zwei Maße - Längen oder Winkel - kennt, kann man sich die anderen Maße ausrechnen. Man muss nur alles, was man wissen will, in die Form eines Dreiecks bringen.
Der Lenkkopfwinkel ist zum Beispiel 62 Grad. Aus dem Tabellenbuch oder dem Taschenrechner holt man sich den „Cotangens“ des Lenkkopfwinkels von 62° = 0,5317. Den multipliziert man mit der Lenkkopfhöhe

0,5317 x 780 mm = 415 mm

und hat damit die zweite Seite des Dreiecks (D). Davon zieht man die Strecke zwischen den beiden Loten (C) ab, 415 mm - 365 mm. Es ergibt sich ein Nachlauf (N) von 50 mm. Auf eine Formel gebracht:

Der Nachlauf ist N = (Cotangens Winkel a mal Lenkkopfhöhe) minus der Strecke zwischen den Loten in mm (c)

$N = (ctg \times h) - c$.

Manche Gespanne pendeln im Bereich bis 40 km/h mit der Lenkung. Sie brauchen einen Lenkungsdämpfer. Eine Ursache des Pendelns ist, dass der Seitenwagen versucht die Maschine nach rechts zu ziehen. Infolge der Hebelwirkung des Nachlaufs schlägt die Lenkung nach rechts ein. Der Rollwiderstand des ausgelenkten Vorderrades versucht die Lenkung durch die Nachlaufwirkung wieder gerade zu ziehen. Das Spiel geht solange, bis bei steigender Geschwindigkeit die stabilisierende Wirkung des Nachlaufs überwiegt und das Gespann ruhig geradeaus läuft.
Eine weitere aber seltene Ursache des Pendelns ist der „Persönlichkeitsfaktor“. Mehrere Teilnehmer eines Gespanntrainings fahren mit einem Gespann problemlos, doch bei einem Teilnehmer pendelt das Gespann so sehr, dass es für ihn unfahrbar ist. Dieser Gespannfahrer braucht eine andere Einstellung.

Fazit:

Spurbreite, Radstand, Vorspur, Sturz, Vorlauf und Nachlauf sind der Fingerabdruck eines Gespannes. Nur durch sorgfältiges Abstimmen dieser Fahrwerksmaße können wir das Gespannfahren genießen.

4.7 Die Kräfte im Gespann

Im Vergleich zum Zweirad unterliegt das Gespannfahren weitaus komplexeren physikalischen Kräften. So verkleinert der Widerstand an Vorder- und Hinterrad (W) die Vortriebskraft (V). Das ist einleuchtend. Der Widerstand (W1) am Seitenwagenrad kostet auch Vortriebskraft, greift aber um das Maß der Spurbreite versetzt an. Er erzeugt ein - in Fahrtrichtung gesehen - rechtsdrehendes Moment aus Spurbreite in Meter mal Widerstand W1 in N = Nm.
Der Gespann-Neuling bemerkt das beim Anfahren in den Schultern. Er muss bewusst gegenlenken. Doch schon nach relativ kurzer Gewöhnung geschieht dies automatisch.

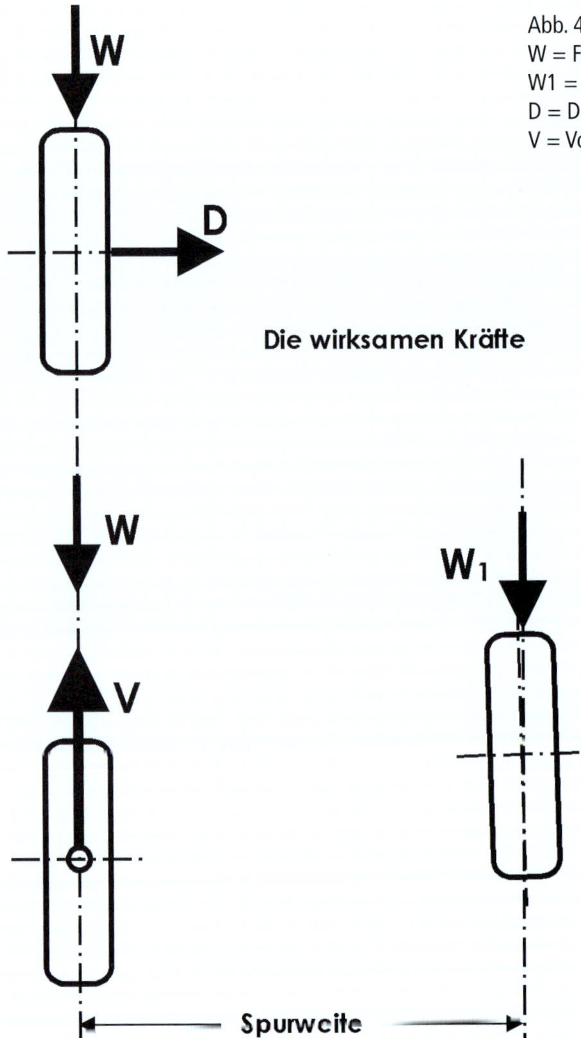

Abb. 4.12
W = Fahrwiderstand an der Maschine
W1 = Fahrwiderstand am Seitenwagen
D = Drehmoment
V = Vortriebskraft

Betrachten wir die Schwerpunktlage

Abb. 4.13
Das Gespannmodell hängt frei in der Luft waagrecht am Haken. Der Haken der Federwaage greift genau am Schwerpunkt.

Physikalisch gesehen ist der Schwerpunkt der Punkt an einem Körper, an dem man sich alle Massenkräfte vereint vorstellen kann. Andererseits stellt man sich den Schwerpunkt eines Körpers als den Punkt vor, an dem von außen einwirkende Kräfte angreifen können ohne eine Drehung des Körpers auszulösen.
Bei leichten Gespannen kann sich der Schwerpunkt in Abhängigkeit von der Beladung seitlich und in Fahrtrichtung um bis zu 15 cm und in der Höhe bis zu 25 cm verschieben. Bei schweren Gespannen sind diese Unterschiede kleiner.

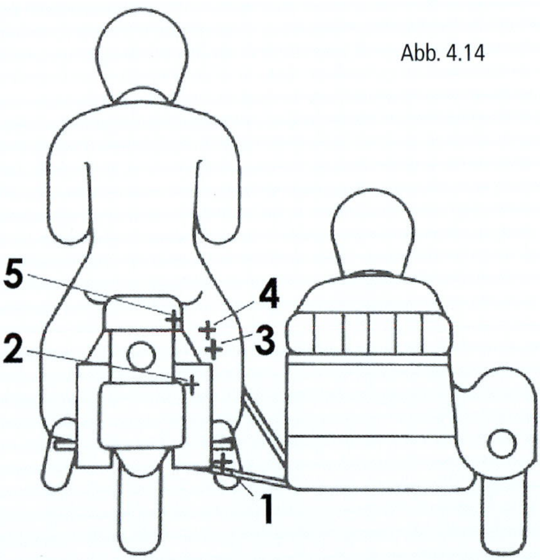

Abb. 4.14

Solange die Fahrt gleichmäßig geradeaus geht, spielt die Lage des Schwerpunktes nur eine untergeordnete Rolle. Doch wird das Fahrzeug in eine Kurve gelenkt, tritt eine zusätzliche Kraft auf, die Fliehkraft (F_f) genannt wird. Sie wirkt auf den Schwerpunkt und erzeugt, zusammen mit dem Hebelarm der Höhe (h), ein Drehmoment, welches das Gespann zu kippen versucht.

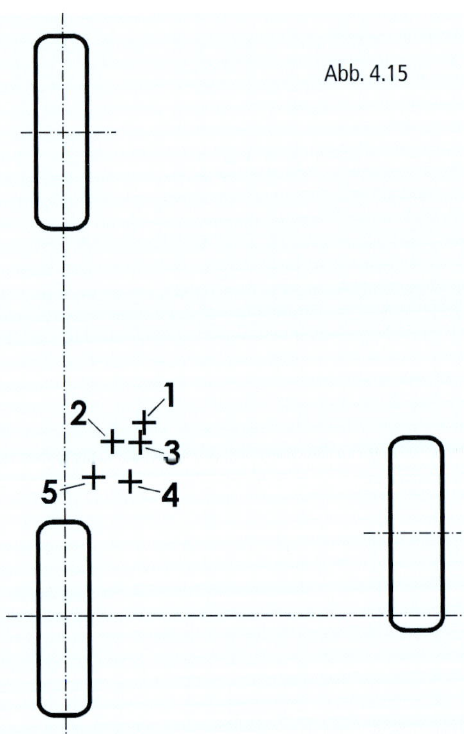

Abb. 4.15

Abb. 4.14 und 4.15
Die Schwerpunktlagen
1) Gespann leer
2) Gespann mit Fahrer
3) Gespann mit Fahrer und besetztem Seitenwagen
4) Gespann mit 3 Personen besetzt
5) Gespann mit 2 Personen auf der Maschine
(Die Schwerpunktlagen variieren natürlich in Abhängigkeit der Gewichte von Motorrad, Beiwagen, Fahrer, Beifahrer und ggf. Gepäck.)

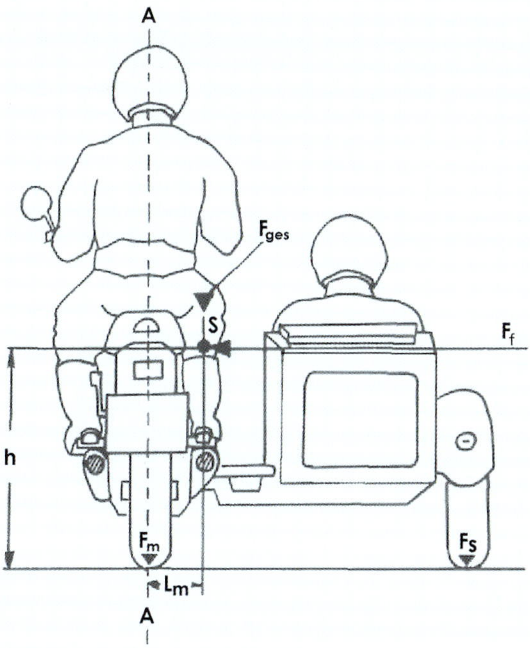

Abb. 4.16
F_{ges} = Gesamtmasse
S = Schwerpunkt
F_f = Fliehkraft
F_m = Masse Motorrad
h = Schwerpunkthöhe
F_s = Masse Seitenwagen
l_m = Abstand Motorradmasse vom Schwerpunkt

Ändert sich die Lage des Schwerpunkts (z. B. durch eine Gewichtsverlagerungen der Gespannbesatzung), so verändern sich die Fahreigenschaften des Gespanns. Dies wiederum wirkt sich auf die möglichen Kurvengeschwindigkeiten aus. Doch das ist noch nicht alles – weitere Faktoren sind: der Zustand der Fahrbahnoberfläche, Zustand und Luftdruck des Reifens und die Reifenbauart.
Es ist unmöglich auf rechnerischer Basis über das Fahrverhalten und die möglichen Kurvengeschwindigkeiten exakte Ergebnisse hervorzubringen. Mit diesem Hintergrund sind im Folgenden alle Berechnungen der möglichen Kurvengeschwindigkeiten zu sehen. Sie sind teilweise stark vereinfacht. Wir wollen das Wesentliche deutlich machen!
Das heißt: Ein Gespannfahrer braucht Erfahrung im wahrsten Sinne des Wortes, bis er in der Lage ist, die Möglichkeiten eines Gespanns annähernd auszunutzen. Fest steht, dass er es mit der Kenntnis der Theorie schneller und sicherer fahren kann.

Drehmoment und Hebel

Abb. 4.17
M = Drehmoment in Nm
F = Kraft in N
L = Länge in Meter

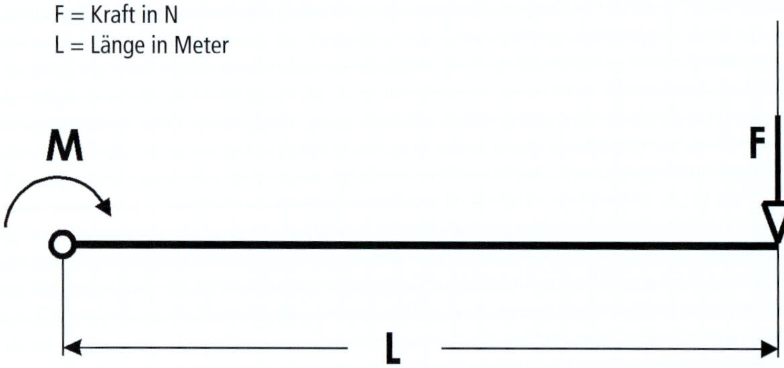

Von einem Drehmoment (M) spricht man, wenn eine Kraft (F) auf einem Hebelarm wirkt. Dabei wird die Länge (l) des Hebels vom Drehpunkt bis zum Angriffspunkt der Kraft gemessen (siehe Abb. 4.17). Die Richtung der Kraft am Hebelarm bestimmt die Drehrichtung des Moments. So unterscheidet man rechts - und linksdrehende Momente.

$M = F \times L$

Wird ein bestimmtes Drehmoment über eine Welle auf einen Hebel übertragen, wirkt am Ende des Hebels eine Kraft, die sich nach der Formel errechnen lässt.

$F = \frac{M}{l}$

Greifen an einem Hebelsystem mehrere Kräfte an, gilt folgende Regel:

Am Hebel herrscht Gleichgewicht, wenn die Summen der linksdrehenden Momente (M_2) gleich der Summe der rechtsdrehenden Momente (M_1) ist.

$F_1 \times L_1 = F_2 \times L_2$

Abb. 4.18
F = Kraft in N
L = Hebellängen
M = rechts- oder linksdrehende Momente

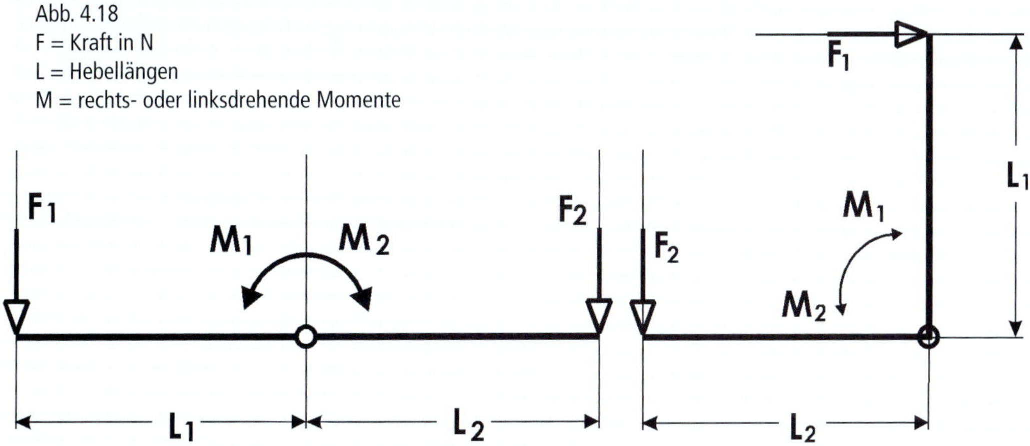

Ein Ungleichgewicht am Hebelsystem führt zu einer Bewegung (aus dem Zustand des Stillstandes heraus) oder zu einer Bewegungsänderung (Beschleunigung oder Verzögerung). Wenn wir folgende Werte annehmen und in eine „Kraftskizze“ eintragen, können wir damit rechnen (siehe Abb. 4.19).

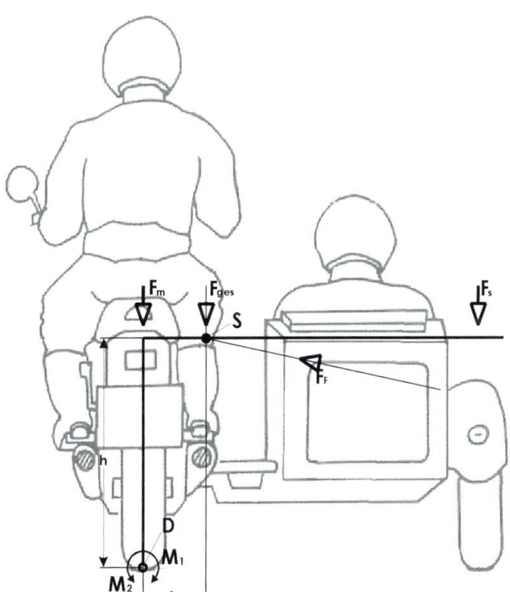

Abb. 4.19
h = 0,6 m
l_m = 0,25 m
F_{ges} = 400 kg
F_s = 80 kg
F_f = Fliehkraft
S = Schwerpunkt
M_1 = linksdrehendes Moment aus der Schwerkraft
M_2 = rechtsdrehendes Moment aus der Fliehkraft
D = Drehpunkt (Linie Vorder-Hinterrad)

Nehmen wir an, die Abb. 4.20 zeigt ein Gespann, das durch eine Rechtskurve fährt, deren Kurvenradius 30 m beträgt. Am Schwerpunkt, der rechts vom Fahrer liegt, greift dabei eine Fliehkraft an, deren Größe von der Geschwindigkeit und der Gesamtmasse des Fahrzeugs abhängig ist. Für dieses Beispiel nehmen wir folgende Fahrgeschwindigkeit (v) an:

$$v = \frac{75\ \text{km/h}}{3{,}6}$$

Gesamtmasse (F_{ges}) beträgt

F_{ges}= 400 kg

Die Größe der Fliehkraft lässt sich nach folgender Formel berechnen:

$$F_f = \frac{m \cdot v^2}{r}$$

Darin bedeuten:

Ff = Fliehkraft in N

M = Masse in kg

V = Kurvengeschwindigkeit in m/s

R = Kurvenradius in m

Berechnung der Fliehkraft:

$$F_f = \frac{400\ \text{kg} \cdot 20{,}8\ \text{m/s} \cdot 20{,}8\ \text{m/s}}{30\ \text{m}} = 5769\ \text{N}$$

Wenn der Schwerpunkt (h) 0,6 m über der Fahrbahn liegt, so erzeugt die Fliehkraft ein linksdrehendes Moment um die Kipplinie, (Verbindungslinie der Aufstandspunkte der Maschinenräder) das sich berechnet

5769 N · 0,6 m = 3461 Nm

Der Abstand des Schwerpunktes von der Maschinenhochachse (Maß l_m in Abb. 4.03) beträgt 0,25 m. Daraus lässt sich das rechtsdrehende Moment berechnen, welches die Schwerkraft über den Hebelarm l_m erzeugt.

Daraus ergibt sich ein rechtsdrehendes Moment von 981 Nm.

Das Ergebnis zeigt, dass das durch die Fliehkraft verursachte linksdrehende Moment

3461 Nm - 981 Nm = 2480 Nm größer ist als das rechtsdrehende.

Der Seitenwagen wird vom Boden abheben. Das Gespann wird weiter nach links kippen, wenn nicht Gegenmaßnahmen eingeleitet werden: Verlagerung des Schwerpunktes durch Fahrer oder Beiwagenpassagier, Verringerung der Geschwindigkeit, Vergrößerung des Kurvenradius.

Es wäre natürlich bequemer, die Kurve mit einer Geschwindigkeit anzugehen, bei der keine Kippgefahr besteht, also bei einem Gleichgewicht zwischen links- und rechtsdrehenden Momenten. In unserem Rechenbeispiel beträgt sie 40 km/h. Sowie sich diese Geschwindigkeit nur geringfügig erhöht, wird sich der Seitenwagen anheben. Wenn man weiß, wie es sich „anfühlt", geschieht es langsam, und der Gespannfahrer kann beim Durchfahren der Kurve mit dem Schwerpunkt spielen und das Gespann gut ausbalancieren.

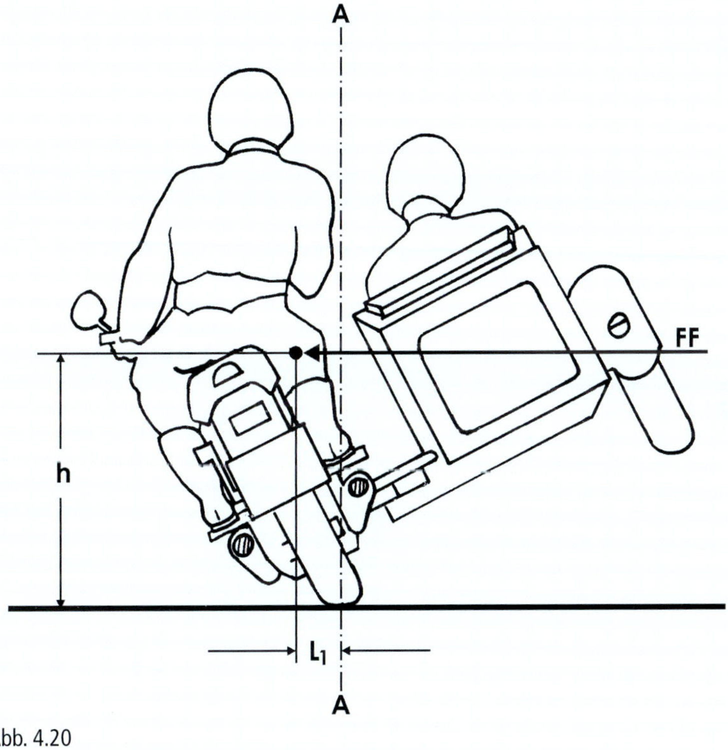

Abb. 4.20
Ohne Gegenmaßnahmen siegt die Schwerkraft, und das Gespann kippt nach links.

Steigt der Seitenwagen weiter nach oben, erzeugt die Schwerkraft über den Hebelarm l1 ein zusätzlich linksdrehendes Moment, das sofort zum Kippen des Gespannes führt. In der Rechtskurve ist es möglich den Seitenwagen bis zur Kippgrenze anzuheben und auch wieder abzusenken.

Links herum

Wer glaubt, die Gefahr des Kippens besteht nur in der Rechtskurve, der irrt sich. In Linkskurven stützt das durch die Fliehkraft erzeugte rechtsdrehende Moment sich nicht direkt auf das Beiwagenrad ab – was Ideal wäre.

In der Linkskurve wirkt die Aufstandslinie von Vorder- und Seitenwagenrad als Kipplinie. Die Fliehkraft wirkt vom Schwerpunkt aus im rechten Winkel auf die Kipplinie – also ungefähr in der Mitte zwischen Vorder- und Beiwagenrad.

Der Hebelarm, mit dem die Schwerkraft wirkt und der das Gespann „auf den Boden hält", ist um das Doppelte bis das Dreifache länger als in der Rechtskurve.

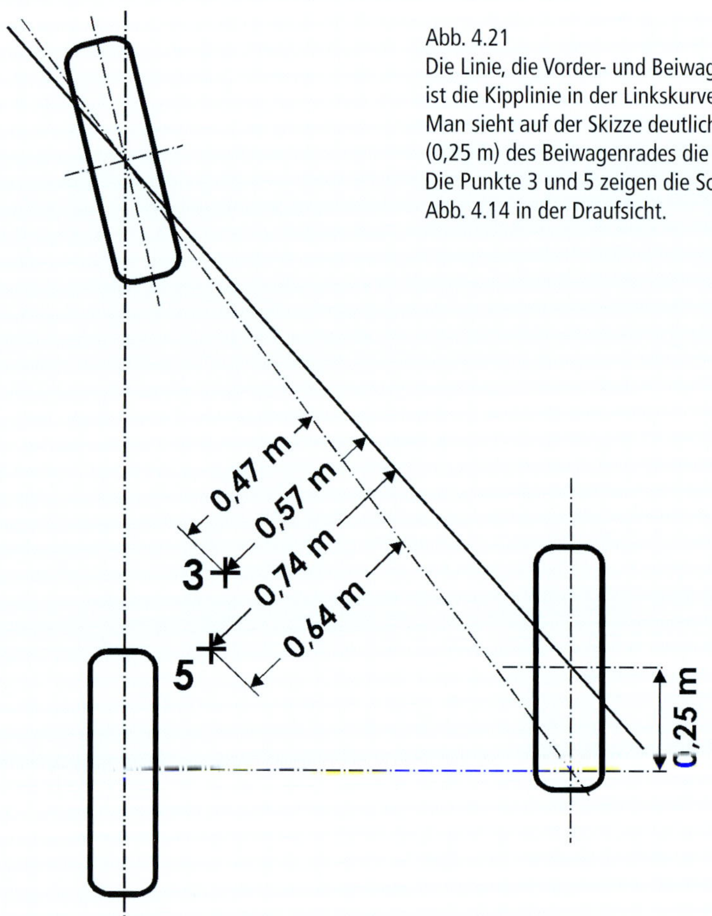

Abb. 4.21
Die Linie, die Vorder- und Beiwagenrad verbindet, ist die Kipplinie in der Linkskurve.
Man sieht auf der Skizze deutlich, dass der Vorlauf (0,25 m) des Beiwagenrades die Kipplinie verändert.
Die Punkte 3 und 5 zeigen die Schwerpunktlagen von Abb. 4.14 in der Draufsicht.

Nehmen wir mal an, wir fahren mit einem leichten Gespann eine extrem enge Kurve von 6 m Radius mit einer Geschwindigkeit von 25 km/h, das typische Wenden auf der Straße. Nach den oben dargestellten Formeln ist die maximal mögliche Kurvengeschwindigkeit 25 km/h. Nur ein bisschen schneller und das Gespann kippt.

Abb. 4.22
Hat sich das Gespann in einer zu schnellen Linkskurve so weit aufgestellt, kann man von Glück reden, wenn es nicht zum Überschlag kommt.
Zuerst hebt das Hinterrad ab. Sobald die Bootsschnauze den Asphalt berührt, wird das Beiwagenrad entlastet und hebt ebenfalls ab. Hier ist es noch mal gut gegangen, das Gespann war nicht zu schnell, es fiel in dieser Situation wieder zurück auf das Hinterrad. Bei höherer Geschwindigkeit hätte als nächstes das Vorderrad abgehoben (Point of no Return) und der Überschlag wäre erfolgt. Übrigens sollte man sich keine Hoffnung machen in einer solchen Situation das Gespann noch beherrschen zu können. Hätte sich das Gespann überschlagen, wäre vom Abheben des Hinterrades bis zum Abheben des Vorderrades weniger als eine Sekunde vergangen.

Setzt sich ein Mitfahrer auf den Sozius der Maschine, wird der wirksame Hebelarm der Schwerkraft größer. Gleichzeitig wird auch noch die Lage des Schwerpunkts nach oben verschoben. Der Hebel der Fliehkraft wird länger und die Kippneigung nimmt zu.

Um diesen Effekt zu verringern, legen sich die Beifahrer im Motorsport in der Linkskurve zwar ihr Gewicht weit nach links, aber gleichzeitig versuchen sie so dicht wie möglich an den Asphalt zu gelangen. Diese „Turnerei“ hat einzig den Zweck den Abstand des Schwerpunktes zur Fahrbahn so klein wie möglich zu halten.

Auf Abb. 4.21 sehen Sie, dass der Vorlauf eine Verlängerung des Hebels für die Schwerkraft bringt. Bei einem leichten Gespann mit wenig Spurbreite sind die Verhältnisse, was das Kippen anbelangt, ungünstig. Bei großen Gespannen mit Spurweiten von 1,40 m und verlängerten Radständen sind höhere Kurvengeschwindigkeiten möglich. Doch die Physik lässt sich nicht überlisten, umkippen kann man mit jedem Fahrzeug.

Wirkungen der Kräfte durch das Beiwagenrad

Wir streuen unter das Seitenwagenrad Sand und lassen die Räder des Motorrades auf festem Untergrund stehen. Dann schlagen wir die Lenkung ganz nach rechts ein und schieben das Gespann vorwärts. Folgendes passiert: Das Seitenwagenrad dreht sich kaum, es „radiert“ und schiebt den Sand zur Seite. Je größer der Vorlauf, umso stärker ist dieser Effekt.

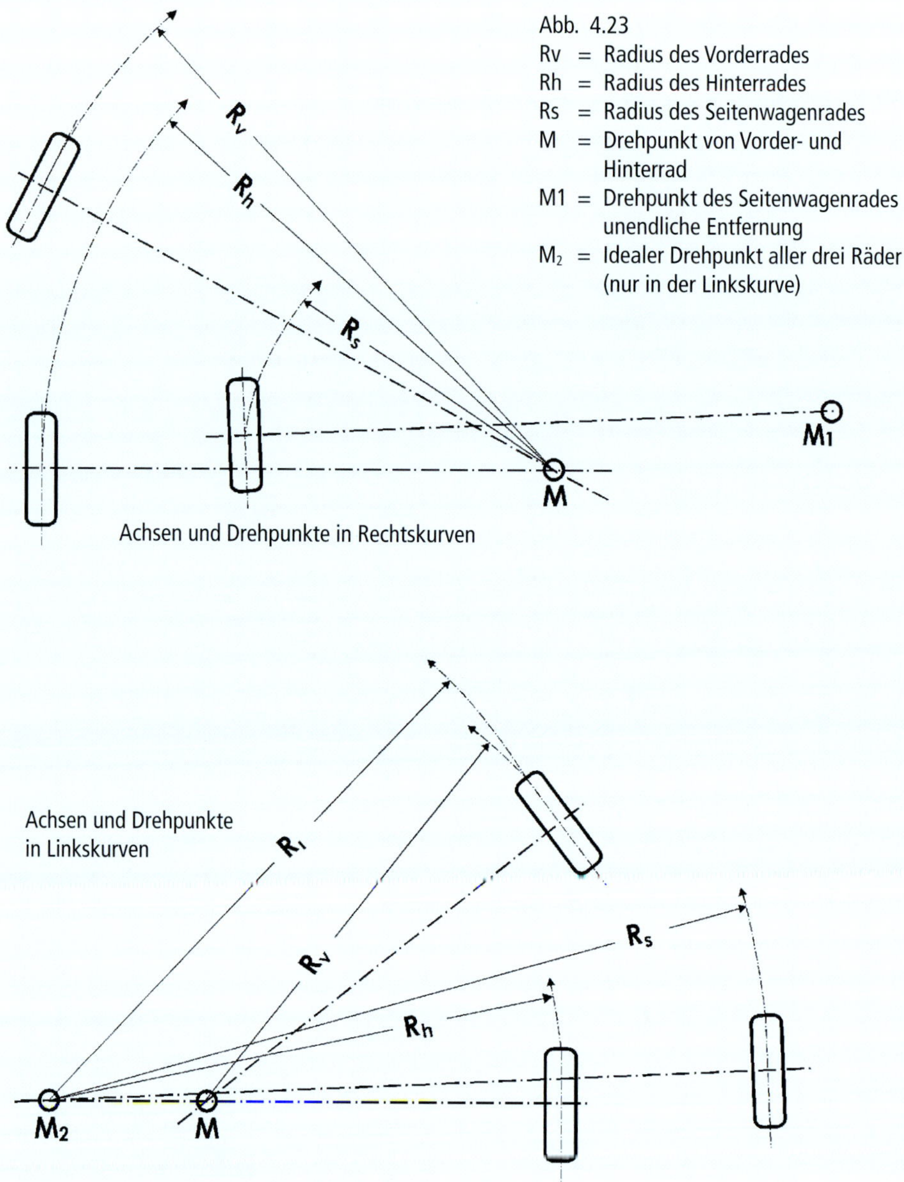

Abb. 4.23
Rv = Radius des Vorderrades
Rh = Radius des Hinterrades
Rs = Radius des Seitenwagenrades
M = Drehpunkt von Vorder- und Hinterrad
M1 = Drehpunkt des Seitenwagenrades unendliche Entfernung
M_2 = Idealer Drehpunkt aller drei Räder (nur in der Linkskurve)

In der Linkskurve sieht es besser aus. Wir wissen noch, das Seitenwagenrad ist, bedingt durch die Vorspur, etwas nach links eingeschlagen. Schlägt man den Lenker analog ein, findet man einen Lenkwinkel, bei dem die Achsen aller drei Räder einen gemeinsamen Mittelpunkt haben. Bei diesem Lenkeinschlag wird das Beiwagenrad nicht radieren.

Abb. 4.24
Es ist kein Vorlauf eingestellt. Das Modell fährt in einer Rechtskurve mit dem Seitenwagen über ein Blatt Papier. Das Papier wird nur wenig aufgestellt. Würden wir eine Federwaage im Schwerpunkt einhängen und unser Modellgespann nach links kippen, hebt sich das Hinterrad schon bei einer Zugkraft von 26 N.

Abb. 4.25
Hier ist ein Vorlauf von 3,5 cm eingestellt. Dies entspricht in der Wirklichkeit 260 mm. Das Beiwagenrad radiert und rollt nicht mehr ab, das Papier wird stark aufgestellt. Mit der eingehängten Federwaage stellen wir fest, das Hinterrad hebt erst bei 32 N ab.

Wenn der Radstand länger wird, sollte auch der Vorlauf länger werden – wenn man die gleiche Schwerpunktlage und damit die abstützende Wirkung in der Linkskurve erhalten will. So gesehen wäre es sinnvoller den Vorlauf in Prozent anzugeben. Doch in der Praxis wird dies nicht gemacht.

Alles hängt zusammen – Vorspur und Nachlauf

Die Wirkung der Vorspur ist auch vom Nachlauf des Vorderrades abhängig. Der Rechtszug des Seitenwagens wirkt sich umso mehr aus, je weiter vorn er angreift. Am besten kann man es sich vorstellen, wenn man das Gespann mit einem einarmigen Hebel vergleicht (in der Abb. 4.26 vereinfacht dargestellt).

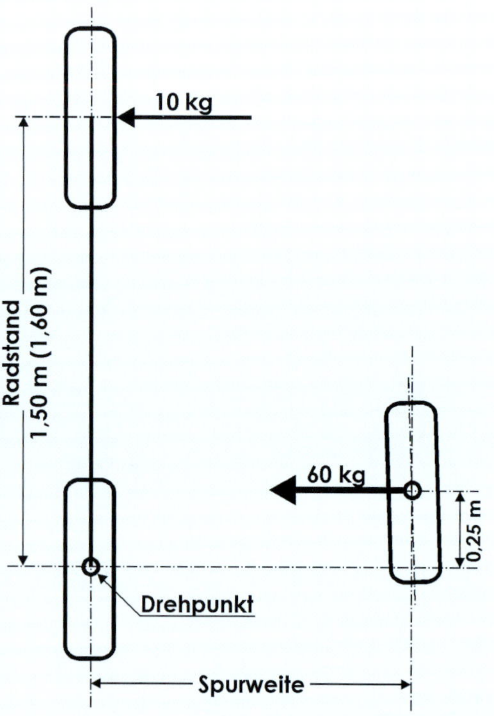

Abb. 4.26
Ein Gespann von oben. Die dick ausgezogene Linie zwischen den Radaufstandspunkten von Vorder- und Hinterrad ist der „einarmige Hebel". Das Hinterrad ist mit seiner Aufstandsfläche der Drehpunkt des Systems. Der Beiwagen erzeugt ein Drehmoment. Die Stärke des Drehmoments, egal ob rechts- oder linksherum, hängt im Wesentlichen vom Verhältnis der Spurbreite zum Radstand ab.

Die Vorspur drückt mit einer Kraft von 600 Newton nach links gegen die Maschine. Sie drückt um das Maß des Vorlaufs (angenommen 0,25 m) nach vorn versetzt auf den Hebelarm. Rechnet man nach dem Hebelgesetz, so kommt am Vorderrad ein nach links drehendes Moment von

$$\frac{600\text{ N} \times 0{,}25\text{ m}}{1{,}50\text{ m}} = 10\text{ N zur Wirkung.}$$

(1,50 m = Radstand)

Nehmen wir an, das wäre genau die Kraft, die gebraucht wird, damit das Gespann geradeaus läuft. Jetzt wird die vorhandene Telegabel durch eine Schwinge ersetzt, dadurch wird der Radstand um 0,1 m länger, die anderen Maße bleiben gleich. Wenn jetzt wieder ein nach links wirkendes Moment von 10 N am Vorderrad angreifen soll, so muss man rechnen:

$$\frac{10\text{ N} \times 1{,}60\text{ m}}{60\text{ N}} = 0{,}266\text{ m (1,60 m = verlängerter Radstand)}$$

Das heißt: Wenn das „Vorlaufverhältnis" nach der Radstandsvergrößerung gleich bleiben soll, muss der Vorlauf um 0,016 m (16 mm) vergrößert werden. Als Fazit muss man Feststellen. Ganz gleich, welche Vorlaufeinstellung – es bleibt immer ein Kompromiss.

4.8 Wie schnell kann ein Gespann sein?

Auch Gespannfahrer wollten schon immer wissen: Wie schnell kann ein Gespann sein und was kann man tun, um noch schneller zu werden? Die Zeitschrift MOTORRAD-GESPANNE hat mittlerweile viele Gespanne getestet und mit den vorhandenen Mitteln die Höchstgeschwindigkeit festgestellt. Daraus entstand die Tabelle (Abb 4.27).
Man sieht es an den schraffierten Streifen, die Geschwindigkeitsunterschiede betragen gut 10 Prozent. Es ist ein Unterschied, ob man einen leichten und windschnittigen Seitenwagen oder einen Zweisitzer mit hoher Scheibe fährt. Die größte Ungenauigkeit in der Tabelle entsteht, wenn ein Motor wegen der erhöhten Widerstände nicht ausdreht und seine mögliche Höchstgeschwindigkeit nicht mehr erreichen kann.

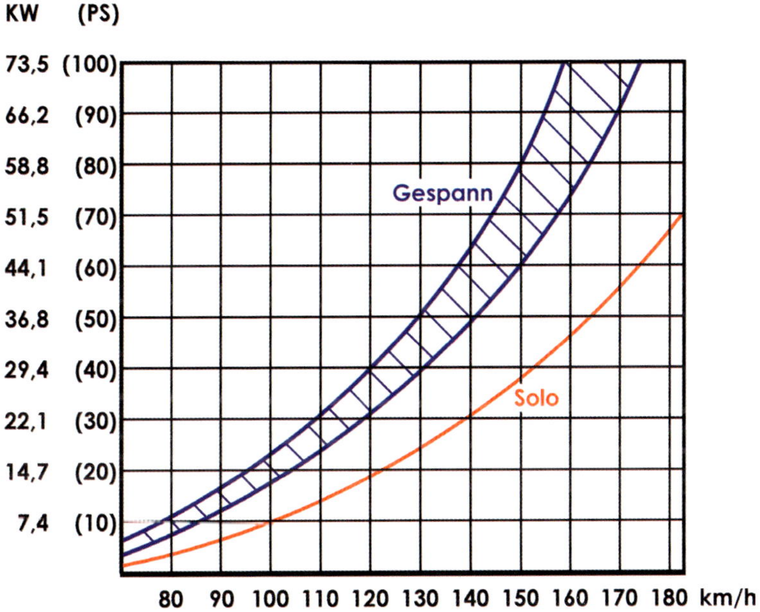

Abb. 4.27
Höchstgeschwindigkeit in Abhängigkeit von der Motorleistung. Übrigens: Mit einem Straßengespann ist die 200er Marke nicht zu knacken.

Wird ein Solomotorrad, ohne weitere Modifikationen, zum Gespann umgebaut, liegt die Höchstgeschwindigkeit in den Leistungsgrenzen der Tabelle um 20 - 25 Prozent niedriger. Es liegt an den gespannspezifischen Widerständen. Diese setzen sich im wesentlichen aus Roll- und Luftwiderstand zusammen.

Vergleichen wir zwei identische Motorradmodelle, eines als Solo und das andere mit Beiwagen, spielt der Luftwiderstand bis etwa 80 km/h kaum eine Rolle. Unterschiede ergeben sich fast ausschließlich aus den höheren Rollwiderständen beim Gespann. Bei Geschwindigkeiten jenseits von 80 km/h wirkt sich der Luftwiderstand dafür umso stärker aus.

Beispiel:

Ein leichtes Gespann mit Motorradbereifung wiegt 325 kg. Man bindet es mit einem Abschleppseil an eine Federwaage und zieht es mit einem anderen Gespann schön gleichmäßig 50 m weit. Die Federwaage zeigt währendessen 6 kg. Dann wird der Beiwagen abgeschraubt und die Solomaschine wird mit einigen Eisenklötzen auf 325 kg beschwert. Jetzt wird über die gleiche Strecke die Solomaschine gezogen. Die Waage zeigt beim Abschleppen nur 4 kg. Wir machen den Versuch nicht einmal, wir machen es den ganzen Nachmittag, bis wir den Unterschied der Zugkraft von 6 zu 4 kg glauben müssen: Es sind und bleiben 50 Prozent.

Man muss daraus schließen: Der Rollwiderstand erhöht sich nicht nur durch das höhere Gewicht und das dritte Rad, das Dauerradieren aller drei Räder vergrößert ihn mehr als es die Rollwiderstandstabelle erwarten lässt. Spätere Messversuche mit einem motorbetriebenen Modell bringen ähnliche Ergebnisse.

Der cw- oder Luftwiderstandsbeiwert drückt aus, wie gut sich ein Körper, unabhängig von seiner Größe, umströmen lässt.

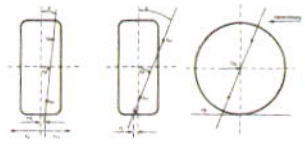

cw-Werte im Vergleich:

Solomaschine: 0,5 VW Golf: 0,32 Moderne Lkw: 0,7
Fahrrad mit aufrecht sitzendem Fahrer: 1,1 Gespann: 1,1

Die Angaben sind nicht absolut, sondern Mittelwerte, welche die grundsätzlichen Fahrzeugspezifischen Unterschiede deutlich machen sollen.

Abb 4.27 und 4.28
Die Frontfläche: Kleine Gespanne kommen auf 1,2 m², große Gespanne und kleine Autos auf 1,8 m², Solomaschinen auf 0,6 m². Doch das ist nur ein Teil der „Wahrheit". Entscheident ist nicht nur die Frontfläche des Fahrzeugs, sondern der cw-Wert. Vorteil der großen Fläche: Gespannfahrer werden von anderen Verkehrsteilnehmer nicht so leicht übersehen wie Zweiradfahrer.

Weil die Fahrwiderstände mit Beiwagen höher sind als bei der Solomaschine, ist auch eine andere Übersetzung notwendig. Der Motor dreht sonst nicht aus und kann seine volle Leistung nicht erreichen. Die Höchstgeschwindigkeit pendelt sich bei einem Wert ein, der erheblich unter dem Wert der „optimalen“ Übersetzung liegt. Erstrebenswert ist, dass der Motor auch im Gespannbetrieb ausdreht. Bei Leistungen über 70 PS weicht man im Interesse von Wirtschaftlichkeit und Motorlebensdauer davon ab.
Welche Auswirkung die Übersetzung am Gespann hat, möchten wir am Ende dieses Kapitels anhand eines 850er Suzukigespannes aufzeigen.
Das Gespann hat eine Getriebespannweite von 2,6. Fährt man mit einem Gesamtgewicht von 700 kg eine lange Steigung von 23 Prozent hinauf, so macht man das ganz bequem im dritten Gang mit 50 bis 60 km/h. Hat man einen Traktor mit 15 km/h vor sich, den man nicht überholen kann, nimmt man Gas weg, schaltet in den ersten Gang und vertraut auf die 78 PS. Das wird aber nichts! Bei 15 km/h dreht der Motor 2000 U/min und gibt die für die 23-prozentige Steigung erforderliche Leistung nicht mehr ab. Man muss die Kupplung zu Hilfe nehmen.
Im Stau auf der Autobahn ist es meist weniger steil, hier drehen die großen Motoren bei niedrigster Drehzahl noch genügend rund, um in der Kolonne mitzurollen.

Abb 4.29
Fahren im Grenzbereich: Ein BMW R75 500 SS-Renngespann aus dem Jahr 1947 legt sich beim Oldtimerrennen im Stadtpark in Hamburg in die Kurve. (Foto: Bodo Marks dpa/lno)

4.9 Funktionsprinzip der Achsschenkellenkung

Die Achsschenkellenkung bei Gespannen beruht auf zwei Längs- oder Querlenkern, in denen der Achsschenkel drehbar gelagert ist. Je nach Konstruktion kann der untere Längs- oder Querlenker als Tragarm ausgelegt sein, der andere Lenker fungiert dann als Führungsarm.
Die Einleitung der Lenkkinematik erfolgt über Aufnahmen für die Seriengabelbrücken oder das Steuerkopfrohr. Die Bewegung wird über das Lenkgestänge übertragen, das mit dem Achsschenkel verbunden ist. Dieser ist über Kugelgelenke drehbar im oberen und unteren Längs- bzw. Querlenker gelagert. Der Achsschenkel trägt das Rad und die Bremseinheiten. Federung und Dämpfung erfolgen in der Regel mit einem Federbein (siehe Abb. Seite 38 ff).
Um eine geometrisch gleichförmige Lenkbewegung nach rechts und links zu gewährleisten, müssen die Drehpunkte in der Radmittelebene liegen. Die Stellung der beiden Kugelgelenke Go und Gu beeinflussen das Fahrverhalten des gelenkten Rades entscheidend.
Liegen Go und Gu in der Radmittelebene, haben weder die Kraft FSt, hervorgerufen durch Stöße in Längsrichtung auf das Rad, noch die Bremskraft einen Hebelarm bezüglich der Raddrehachse. Beim Bremsen oder Überfahren eines Hindernisses bleibt die Lenkung somit momentenfrei. Ist aus Platzgründen diese Konstruktionsanordnung nicht möglich, wird die Raddrehachse um den Spreizungswinkel d aus der Radmittelebene geneigt.
Aus den in der Radmittelebene wirkenden Kräften FSt und FB, multipliziert mit den dazugehörigen Abständen rST und n x cosd zur Raddrehachse, ergeben sich zwei linksdrehende Momente Mst und Mb. Diese muss der Fahrer kompensieren. Er muss gegenlenken.
Vergrößert man den Spreizungswinkel d durch Verschieben von Go, kann der Lenkrollhalbmesser n auch negative Werte annehmen, und die Richtung des Drehmoments kehrt sich um. Der Störkrafthebelarm vergrößert sich dabei.
Ein Stoß in Längsrichtung würde jetzt ein noch größeres linksdrehendes Moment erzeugen, während eine Bremskraft ein rechtsdrehendes Moment erzeugen würde. Die ebenfalls auf das Rad wirkenden Seiten- und Hochkräfte werden bei dieser Betrachtung nicht berücksichtigt.

Zeichenerklärung:

Go = oberes Kugelgelenk
Gu = unteres Kugelgelenk
Mr = Radmittelpunkt
FSt = Stoßkraft
FB = Bremskraft
n = Lenkrollhalbmesser
d = Spreizungswinkel
rST = Störkrafthebelarm

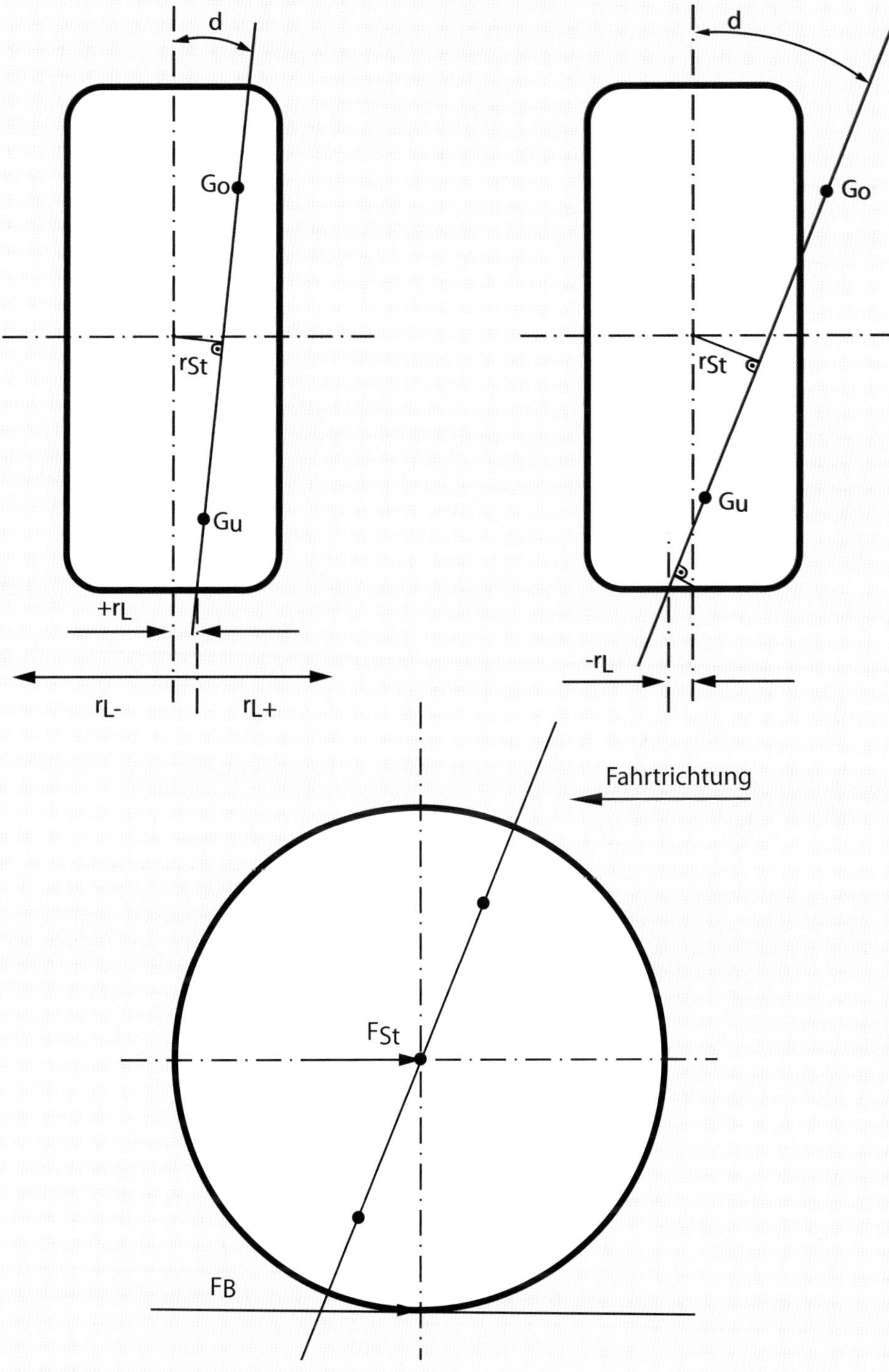
d
Go
r_{St}
Gu
$+r_L$
r_{L-}
r_{L+}
d
Go
r_{St}
Gu
$-r_L$
Fahrtrichtung
F_{St}
FB

5. Gespannfahren lernen

Wolfgang Lorenz und Team

Inhaltsverzeichnis:

Übung macht den Meister:
Absolventen eines Gespannfahrerlehrgangs.

Abb. 5.02
Beim Gespannlehrgang erklärt der Instruktor vor den ersten Fahrmanövern den Übungsablauf.

5.1 Die Fahreigenschaften

Gespannfahren ist außergewöhnlich. Ob alleine, mit Beifahrer, mit Kindern oder mit Hund – der Spaßfaktor ist einmalig, vorausgesetzt, der Fahrer/die Fahrerin fühlt sich auf dem Gespann sicher. Mit etwas Übung kann jeder diese Sicherheit erlangen.
Obwohl der Motorradführerschein die Gespannfahrerlaubnis einschließt, sind die Fahreigenschaften des Dreirads mit dem des Zweirads nicht vergleichbar. Der Grund liegt im asymmetrischen Fahrwerk – die Aufstandspunkte der Räder bilden ein unregelmäßiges Dreieck. Zudem unterscheiden sich auf Grund der verschiedenen Fahrwerkskonstruktionen die Fahreigenschaften deutlich.

In diesem Kapitel werden einige Extremsituationen geschildert, um die Dynamik deutlich zu machen, die im Gespann steckt. Auch wenn Sie als Gespannneuling nicht gleich alle Zusammenhänge verstehen, verlieren Sie bitte nicht den Mut, den Sie schon jetzt bewiesen haben, in dem Sie sich mit diesem außergewöhnlichen Fahrzeug beschäftigen.

Abb. 5.03
Beim Gespannschieben lässt sich leicht demonstrieren, wie unterschiedlich die Fahreigenschaften rechts- und links herum sind.

5.2 Lenkverhalten

Wenn ein erfahrener Solofahrer erstmals auf ein Gespann steigt, lässt er sich auf etwas völlig Neues ein. Das Einspurfahrzeug wurde zum Mehrspurfahrzeug mit gänzlich anderen fahrphysikalischen Eigenschaften. Bei letzterem lenkt der Fahrer/die Fahrerin immer in die gewollte Fahrtrichtung – also bei einer anstehenden Rechtskurve nach rechts, vor Linkskurven nach links.

Abb. 5.04
Auch die Breite des noch ungewohnten Gespanns lernt der Gespannfahrer mit der Zeit immer besser einzuschätzen.

Beim Solomotorrad (Einspurfahrzeug) gibt es aufgrund der so genannten Kreiselkräfte ein gegensätzliches Lenkverhalten. Das bedeutet, dass zunächst leicht in die entgegengesetzte Richtung gelenkt werden muss (Lenkimpuls). Erst dadurch wird die notwendige Schräglage eingeleitet, die zum Durchfahren der Kurve notwendig ist. Diesen gegenläufigen Lenkimpuls vollführen wir unbewusst, seit wir als Kinder Fahrrad fahren lernten.

Wirkung der Kreiselkräfte

Wer schon einmal an einem Solo-Sicherheitstraining teilnahm, hat dort den Lenkimpuls trainiert.
So kann beim Zweirad eine Kurve nicht durch Einlenken in die gewünschte Richtung eingeleitet werden. Laufradspuren auf Sand oder Schnee zeigen, dass zunächst eine leichte Lenkbewegung in die entgegengesetzte Richtung erfolgt.
Schlüge man einfach nach links ein, bewegte sich die Auflagefläche des Reifens nach links unter dem Schwerpunkt weg, so dass die Schwerkraft ein Kippen nach rechts bewirken würde. Um die Kurve zu fahren, ist aber grundsätzlich eine Neigung in die gewünschte Kurvenrichtung, in diesem Falle nach links, notwendig.
Um das Rad in diese Schräglage zu bringen, muss es zunächst durch eine der gewünschten Richtung entgegengesetzte (kurze und leichte!) Lenkbewegung zum Kippen gebracht werden.
Genau hier liegt das Problem für den Gespann-Neuling. Setzt sich ein geübter Solofahrer auf ein Gespann, sind ihm seine Solo-Reflexe hinderlich, er muss neue erlernen. Der gegenläufige Lenkimpuls zum Einleiten der Kurve muss „abgeschaltet" werden.
Gefährlich wird der alte Solo-Reflex, wenn auf Grund einer Gefahrensituation spontan reagiert werden muss. Der Solofahrer versucht, die brenzliche Lage mit einem Lenkimpuls zu bewältigen. Bei einem Gespann ist dieser Zweiradreflex verkehrt. Gespannmäßig muss jetzt mit deutlich mehr Kraft in die andere Richtung gelenkt werden.
Der erforderliche Kraftaufwand für den abrupten Richtungswechsel wird von Neulingen zunächst unterschätzt.
Hinzu kommt das unterschiedliche Fahrverhalten des Gespanns bei Rechts- und Linkskurven. Rechts herum muss mit einem steigenden Seitenwagen gerechnet werden, links herum kann sich das Gespann trotz des stützenden Beiwagenrades über die Kippachse Vorderrad-Beiwagenrad überschlagen. Der Neuling hat sich also zunächst mit einer höchst komplexen Aufgabe zu beschäftigen.

5.3 Kurvenfahren

Abb. 5. 05
In Abhängigkeit von Geschwindigkeit und Kurvenradius kann das Beiwagenrad abheben: Stress für den Neuling, Spaß für den Erfahrenen.

Die Rechtskurve

Betrachten wir zunächst die Rechtskurve. Wird sie zu schnell angefahren, so steigt das Beiwagenrad in Abhängigkeit von Geschwindigkeit und Kurvenradius (bei rechts montiertem Beiwagen). In diesem Fall versucht der Fahrer, die Geschwindigkeit und somit die Fliehkräfte zu verringern, also entweder bremsen oder geradeaus lenken. Sobald die Fliehkräfte aufgrund der Reduzierung der Geschwindigkeit oder durch Vergrößerung des Kurvenradius entsprechend verringert sind, wird das Seitenwagenrad wieder Fahrbahnkontakt bekommen. Bei diesem Manöver kann das Gespann auf die Gegenfahrbahn kommen.

Die Linkskurve

Die meisten Neulinge sind in Linkskurven sehr schnell, sehr mutig und damit auch recht flott unterwegs. Passieren kann ja nichts, da gibt es ja dieses „Stützrad", umfallen ist daher nicht möglich. Oder vielleicht doch?

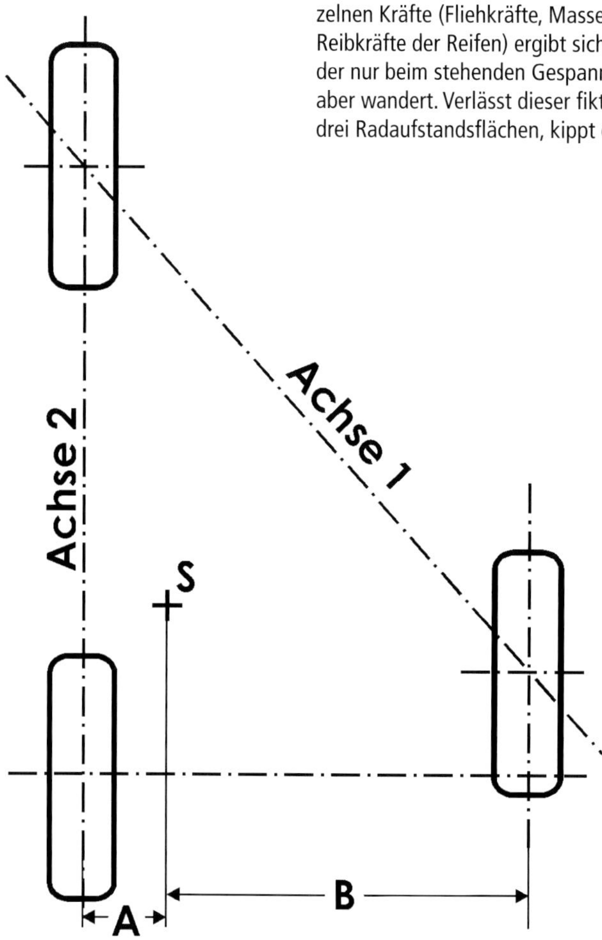

Abb. 5.06
Der Schwerpunkt (S) ist ein Angriffspunkt der Kräfte. Beim Beschleunigen ziehen sie an ihm nach hinten, beim Bremsen nach vorne; in Rechtskurven nach links, in Linkskurven nach rechts. Durch die einzelnen Kräfte (Fliehkräfte, Massenträgheitskräfte, Gravitationskräfte, Reibkräfte der Reifen) ergibt sich ein neuer fiktiver „Schwerpunkt" Sf, der nur beim stehenden Gespann mit S übereinstimmt, beim Fahren aber wandert. Verlässt dieser fiktive „Schwerpunkt" das Dreieck der drei Radaufstandsflächen, kippt das Gespann.

Die Skizze 5.06 gibt dazu einige Antworten. Man sieht hier eine schräg zur Fahrtrichtung stehende Achse 1, die durch das Vorder- und Seitenwagenrad definiert wird. Beim Durchfahren einer Linkskurve wird sich der Schwerpunkt S aufgrund der auftretenden Fliehkräfte in Richtung dieser Achse 1 verlagern. (Für Physiker: Natürlich bleibt S an Ort und Stelle; vielmehr wandert ein fiktiver Schwerpunkt Sf, der in Ruhe mit S übereinstimmt.) Sobald Sf aufgrund zu hoher Geschwindigkeit oder eines plötzlich auftretenden Hindernisses' vor diese Achse wandert, beginnt das Gespann über die Achse 1 zu kippen.

Abb. 5.07 und 5.08
Der Schwerpunkt Sf ist über die Achse 1 hinausgewandert. Das Gespann kippt. Das Hinterrad hebt ab, die Beiwagenschnauze berührt den Asphalt.

Die Handlungsoptionen

Bremst der Fahrer das Gespann zu stark ab, um die Fliehkräfte zu reduzieren, besteht die Gefahr, dass der Schwerpunkt Sf über die Achse 1 hinaus verlagert wird, was zu einem Überschlag führen kann. Viel wahrscheinlicher ist aber, dass der Gespannneuling, bevor er ans Bremsen denkt, reflexartig das Gas weg nimmt.
Bei allen Mehrspurfahrzeugen, also auch beim Gespann, ist die Hinterachse die richtungsstabilisierende Achse. Das bedeutet: Sobald das Hinterrad den Fahrbahnkontakt verliert, führt nur noch das nicht gelenkte Seitenwagenrad. Da dies aber nicht in der Spur des gelenkten Vorderads läuft, wird das Fahrzeug aus einer in Fahrrichtung orientierten Bewegung in eine kreiselnde Bewegung gezwungen. So wird das Gespann sofort in eine starke und nicht kontrollierbare Linksdrehung gehen. Es folgt eine 180°-Wende.

Zusammenfassung

Bei einer zu schnell gefahrenen Linkskurve: Starkes Bremsen und Gas-Wegnehmen geht nicht. Also alle Maßnahmen zur Geschwindigkeits-Reduzierung, die bei der Rechtskurve so nützlich waren, helfen in der Linkskurve nicht weiter. Ganz im Gegenteil, sie verschlimmern die Situation! Die einzig wirksame Maßnahme ist Lenken nach rechts – in der Hoffnung, dass dort noch Fahrbahn übrig ist.
Für den Gespann-Anfänger gilt: Kurven langsam fahren. Dass Kurven mit einem Gespann auch sehr schnell gefahren werden können, wird man einige tausend Kilometer später oder vielleicht bei einem Fortgeschrittenenkurs herausfinden.

5.4 Bremsen mit dem Gespann

Betrachten wir auch hier zunächst die Unterschiede von Solomotorrad und Gespann. Bei der Mehrzahl der Zweiräder wirkt der Handbremshebel auf die Vorderrad- und der Fußbremshebel auf die Hinterradbremse. Ausnahmen: Manche Moto Guzzi, neue Hondas sowie das aktuelle Bremssystem von BMW, also Maschinen mit teil- oder vollintegralem Bremssystem. Das bedeutet, dass der Ablauf des Bremsvorgangs beim Solomotorrad immer derselbe ist. Auf Grund der dynamischen Achslastverlagerung nach vorne übernimmt die Vorderradbremse die Hauptlast der Verzögerung. Bei Geradeausfahrt mit dem Solomotorrad haben die Reifen bei der Bremsung lediglich Bremskräfte zu übertragen.

Abb. 5.09
Bei der Bremsübung gilt: Das Gespann muss in der Spur bleiben, darf also weder rechts noch links die Pylonengasse verlassen.

Die angebotenen Bremskombinationen der verschiedenen Gespannhersteller sind vielfältig, ebenso die daraus resultierenden Reaktionen des Fahrzeugs.
Hier fünf Beispiele von möglichen Bremskombinationen und deren Auswirkungen bei einer Not- oder Vollbremsung:

Variante 1:

Vorderradbremse auf der Handbremse, Hinterradbremse auf der Fußbremse, Seitenwagen ungebremst.
Diese Bremse stammt aus der Zeit unserer Urgroßväter. Die Gespanne hatten zehn oder 20 PS und erreichten eine Geschwindigkeit von maximal 80 bis 100 km/h. Da der Seitenwagen nicht verzögert ist, wird das Gespann beim Bremsen versuchen, nach links auszubrechen. Wie stark es dies tut, hängt vom Beladungszustand des Seitenwagens ab.

Variante 2:

Vorderradbremse auf der Handbremse, Hinterradbremse auf der Fußbremse, Seitenwagenrad gebremst und ebenfalls an der Fußbremse angeschlossen (die Standardbremse der letzten 30 Jahre).
Beim Betätigen der Handbremse neigt das Vorderrad zum Überbremsen, insbesondere bei der Verwendung einer groß dimensionierten Solobremsanlage. Das Gespann kann nach links in den Gegenverkehr schieben. Bei Verwendung der Fußbremse neigt das Gespann zu einer Rechtsdrehung. Nur die abgestimmte Betätigung beider Bremsen gewährleistet das Spurhalten.

Variante 3:

Vorderrad- und Seitenwagenradbremse auf der Handbremse, Hinterradbremse alleine auf der Fußbremse.
Bei Betätigung des Handbremshebels kann ein neutrales Bremsverhalten erwartet werden, das Fahrzeug bleibt also in der Spur. Beim Einsatz der Fußbremse sollte ein Überbremsen des Hinterrades vermieden werden (siehe Variante 4). Diese Kombination findet man häufig bei leichteren Gespannen mit geringer Spurbreite.

Variante 4:

„Die High-Tech-Bremse" – Vorderrad, Hinterrad und Seitenwagenrad auf der Fußbremse, zusätzlich Vorderrad und Seitenwagenrad auf der Handbremse (also je zwei Bremssättel an Vorder- und Seitenwagenrad).
Mit dem Fußbremshebel werden alle drei Räder verzögert. Über die Handbremse wird das Hinterrad nicht verzögert, da lediglich die Vorderrad- und Seitenwagenradbremse angeschlossen sind. Der Vorteil hierbei ist, dass das richtungsstabilisierende Hinterrad bei der Betätigung der Handbremse nicht der Gefahr des Überbremsens ausgesetzt ist. Die Tendenz zu einer Dreh-/Schleuderbewegung ist somit geringer.

Variante 5:

„Doppelt genäht hält besser" – Vorderrad-, Hinterrad- und Seitenwagenradbremse jeweils auf Hand- und Fußbremshebel, also immer alle drei Räder gebremst. Alle Räder werden gleichzeitig abgebremst und dadurch eine nahezu optimale Verzögerung des Gespannes erreicht.

Fazit

Jedes Bremssystem verleiht dem jeweiligen Fahrzeug ein anderes Bremsverhalten. Je stärker man bremst, desto deutlicher sind die unterschiedlichen Fahrzeugreaktionen. Deshalb ist es sinnvoll, möglichst mit dem eigenen Gespann an einem Sicherheitstraining teilzunehmen.

Beispiele

Anhand der Variante 2 soll das Bremsverhalten eines Gespanns mit einem Doppelsitzerboot und einer Spurbreite von 1,40 Metern dargestellt werden. Das Fahrzeug wird hierbei nur mit der Fußbremse verzögert, dabei werden beide Räder, also Hinterrad und Seitenwagenrad, zum Blockieren gebracht.
Während eines Bremsvorganges mit einer Ausgangsgeschwindigkeit von 50 km/h dreht sich das Gespann um nahezu 90° in Fahrtrichtung gesehen nach rechts. Warum?

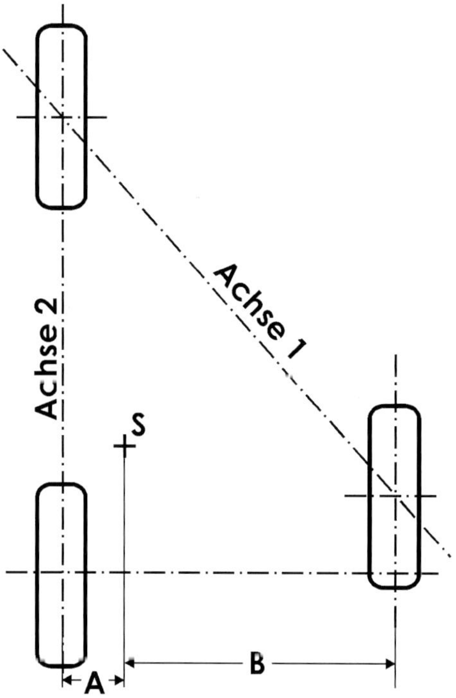

Abb. 5.11.
S = Schwerpunkt
A = Abstand des Schwerpunktes zur Radachse des Hinterrades
B = Abstand des Schwerpunktes zur Radachse des Seitenwagenrades

Auf der *Abb. 5.11.* markiert S den Schwerpunkt, also den Punkt, auf den alle am Fahrzeug angreifenden Kräfte einwirken. A ist der Abstand des Schwerpunktes zur Radachse des Hinterrades, B der Abstand des Schwerpunktes zur Radachse des Seitenwagenrades.
Bei vorher erläuterter Bremsung erzeugt man im Hinterrad eine Bremskraft, die über den Hebelarm A im Schwerpunkt auf das Fahrzeug wirkt und somit eine Drehung des Fahrzeuges nach links erzeugt.
Am Seitenwagenrad erzeugt man ebenfalls eine Bremskraft, die über den Hebelarm B im selben Schwerpunkt auf das Fahrzeug wirkt und eine Drehung nach rechts erzeugt. Da der Hebelarm A auf Grund der Breite des Fahrzeuges und der exzentrischen Lage des Schwerpunktes wesentlich kürzer ist als Hebelarm B, resultiert hieraus in der Summe eine Drehung des Fahrzeuges nach rechts.
Sitzt eine Person im Seitenwagen, ändert sich die Lage des Schwerpunktes S so, dass dieser weiter nach rechts wandert. Hierdurch werden die beiden Hebelarme A + B in der Länge ähnlicher, und das Gespann dreht sich wesentlich weniger nach rechts.
Diese Drehung des Gespannes war nur möglich, da das Hinterrad als richtungsstabilisierende Achse blockierte und somit keine Seitenführungskräfte mehr aufbauen konnte, die die Drehbewegung verhindert hätten.
Bei der hier angenommenen Geschwindigkeit von 50 km/h kann ein geübter Fahrer die Situation beherrschen. Dramatisch wird die gleiche Situation jedoch mit Tempo 80 km/h. Angenommene Situation: Landstraße mit Gegenverkehr. Auch hier erfolgt eine Voll-/Blockierbremsung mit der Fußbremse. Das Fahrzeug beginnt sich zu drehen, der Fahrer bekommt auf Grund von Gegenverkehr, Leitplanken etc. Panik und lässt blitzartig die Bremse los.

Abb. 5.11
Das Spiel mit der Fliehkraft.

Jetzt passieren einige Dinge fast gleichzeitig: Durch das Lösen der Bremse kann sich das Hinterrad wieder drehen und baut wieder Seitenführungskräfte auf. Dadurch versucht das Gespann schlagartig zurück in Fahrtrichtung kommen.
Die vorhandene Rechtsdrehung des Gespannes hat zur Folge, dass das Boot in die Höhe schnellt und sich ohne jegliche Reaktionsmöglichkeit für den Fahrer über die Achse 2 „Vorderrad-Hinterrad" überschlägt.
Nimmt man statt der Fuß- alleine die Vorderradbremse (Handbremse) zum Bremsen des Fahrzeuges, wird das Fahrzeug je nach Gewicht und Beladung des Seitenwagens mehr oder weniger nach links und somit in den Gegenverkehr ausbrechen. Erklärung: Beim Blockieren des Gespann-Vorderradreifens werden außer der Bremskraft auch Seitenführungskräfte übertragen, die vom Seitenwagen hervorgerufen werden.
Der Reifen kann nur eine bestimmte Summe von Kräften übertragen. Dies bedeutet zum einen, dass er früher zum Blockieren neigt als bei einem Solomotorrad (entscheidend ist die Summe der Kräfte) und zum anderen, dass beim Blockieren des Vorderrades die zur Geradeausfahrt notwendigen Seitenführungskräfte nicht mehr übertragen werden können. In diesem Fall bewirkt die träge Masse des Seitenwagens eine Drehbewegung des Gespannes nach links.
Bei dieser Art des Bremssystems (Variante 2) ist also penibel darauf zu achten, dass beide Bremsen möglichst gleichzeitig betätigt werden, um ein Ausbrechen des Fahrzeuges zu vermeiden. Zudem werden die geschilderten Bremsreaktionen mit zunehmender Breite des Gespannes stärker.

Fazit

Bei den heutzutage angebotenen Motorleistungen für Gespanne und den daraus resultierenden Fahrleistungen sollte bei einem Gespannneubau nach Möglichkeit eine Kombinationsbremse wie in Variante 4 oder 5 verwendet werden.
Egal welches Bremssystem verbaut wurde, es muss auf Grund der Asymmetrie des Fahrzeugs in Verbindung mit der Beladung und der Fahrbahnbeschaffenheit immer mit einer schwer einschätzbaren Bremsreaktion gerechnet werden.
Um die Kontrolle über das Gespann zu behalten, wird durch den dosierten Einsatz der Fuß- oder Handbremse ein Ausbrechen verhindert. Dieser dosierte Einsatz ist nicht ohne weiteres sofort zu beherrschen und sollte trainiert werden, um ein sichereres Fahren zu ermöglichen. Wie überall gilt auch hier: Übung macht den Meister.
In Zeiten technisch hoch moderner Pkw-Bremsanlagen wäre auch ein ABS-geregeltes Bremssystem in Gespannen hilfreich und wünschenswert. Aufgrund der schwierigen technischen Voraussetzungen und den damit verbundenen hohen Kosten konnte sich das ABS im Gespannsektor bisher nicht durchsetzen. Die einzige vollwertige ABS-Steuerung auf allen drei Rädern wird derzeit nur im Zeus-Gespann der Firma Side-Bike angeboten (siehe Seite 64).

5.5 Ablauf eines Gespanntrainings

Abb. 5.12
Auch ungünstige Situationen werden beim Sicherheitstraining geübt. Hier ein leerer Beiwagen und zwei Personen auf der Zugmaschine.

Sicherheit bedeutet Fahrspaß

Viele Motorradfahrer haben das Fahren mit Beiwagen ohne Hilfe und Anleitung gelernt. Doch verschweigen manche gerne die brenzligen Situationen, die sie als unerfahrene Anfänger oftmals nur mit Glück überstanden haben. Die zwei gefährlichsten Momente sind: Die ersten Kurven und später, wenn man glaubt, „jetzt kann ich‘s“.
Aufgrund der komplexen Abläufe beim Gespannfahren, des dichten Verkehrs und nicht zuletzt der leistungsstarken Umbauten empfiehlt es sich, das Gespannfahren nicht in Eigenregie, sondern unter kompetenter Anleitung bei einem Gespanntraining zu erlernen. Im Folgenden stellen wir den prinzipiellen Ablauf eines Dreitages-Gespanntrainings vor, das die Firma Pro Side-car anbietet.

Tag der Anreise

Nach dem Bezug der Hotelzimmer treffen sich Teilnehmer und Instruktoren am Donnerstagabend zur Begrüßungsrunde. Dabei erfahren sie den Trainingsablauf der folgenden Tage. Es folgt ein gemeinsames Abendessen mit anschließendem gemütlichen Beisammensein, Abstressen und Benzingesprächen.

Abb. 5.13
Der Erfahrungsaustausch beim Gespanntraining in angenehmer Atmosphäre löst manche Verspannung und macht vor allem Spaß.

Erster Übungstag

Gemeinsames Frühstück mit anschließender Abfahrt zum Übungsgelände.
Erarbeiten der wichtigsten theoretischen Grundlagen zum Thema Fahrwerkstechnik und Fahrphysik. Direkter Übergang zu den Grundfahrtechniken Spurbreite ertasten, Lenken, Lastwechsel und „Boot Hoch".

Spurbreite

Wo ist das Beiwagenrad? Übungen zum Einschätzen der Fahrzeugbreite. Trainieren der richtigen Blickführung. Viele kritische Situationen entstehen erst gar nicht, wenn die Blickführung stimmt.

Abb. 5.14
Auch wenn es im Regen weniger Spaß macht, die Lenkübungen durchzuführen, hat der Fahrer/die Fahrerin immerhin die Gewissheit: Auf nasser Fahrbahn fährt es sich mit dem Gespann weitaus sicherer als mit einem Solomotorrad.

Lenken

Erste Einlenkübungen, Erkennen der unterschiedlichen Wendekreise rechts- oder links herum. Einfluss von Vorlauf und Vorspur des Beiwagenrades sowie Nachlauf des Vorderrades auf die Lenkung.

Lastwechsel

Erkennen der Lastwechselreaktionen beim Gasgeben und Gaswegnehmen und der daraus resultierenden Handlungsmuster zum Thema Kurvenfahren. Umsetzen beim Slalomfahren. Grundlagen zum Thema Schwerpunkt und der sich daraus ergebenden Fahrzeugreaktionen. Durchspielen von verschiedenen Beladungszuständen. (Urlaubsgepäck, Kinder oder Beifahrer ins Boot oder auf den Rücksitz? Warum, warum nicht?)

Abb. 5.15
Für den Gespannneuling ist es zunächst ein komisches Gefühl, wenn das Boot steigt. In einigen Tagen wird er es bereits genießen.

Boot hoch

Besprechung des Themas Schwerpunkt und Schwerpunktverschiebung bei verschiedenen Beladungszuständen. Auswirkung der Fliehkraft bei Rechtskurven.
Erkennen der verschiedenen Kipplinien. Entwickeln eines Fahrgefühls für das mögliche Abheben des Beiwagenrades in Rechtskurven.

Links- und Rechtskurve

Durch die verschiedenen Kippachsen und die daraus resultierenden Unterschiede bei Rechts- und Linkskurven ist es notwendig, die Unterschiede im Gespannkurs intensiv zu erarbeiten. Gemeinsame Rückfahrt zum Hotel und gemeinsames Abendessen. Reflexion der gemachten Erfahrungen und Ausblick auf den folgenden Tag. Gemütlicher Ausklang mit Erfahrungsaustausch.

Zweiter Übungstag

Gemeinsames Frühstück und Abfahrt zum Übungsgelände. Tag des Bremsens.
Verstehen der unterschiedlichen Bremssysteme und des daraus resultierenden unterschiedlichen Bremsverhaltens der Gespanne. Einstieg in das wichtige Thema Bremsen mit Besprechung der Bremssysteme an den Teilnehmer-Gespannen.
Theoretisches Erarbeiten der möglichen Handlungsmuster: Ausweichen, Bremsen sowie „BLA“, Bremsen, Bremsen lösen, ausweichen.
Thema „Plötzlich auftauchendes Hindernis“: Praktisches Erfahren des Handlungsmusters „Ausweichen“ nach links oder rechts unter Berücksichtigung der verschiedenen Kipplinien. Vorübungen zum Kennenlernen der Bremsreaktionen der Gespanne.

Abb. 5.16 Vor und nach jedem Manöver auf dem Übungsgelände erfolgen Besprechung und Beantwortung der Fragen.

Unterschiedliches Bremsverhalten bei verschiedenen Beladungszuständen des Gespanns erkennen.
Praktische Umsetzung des Themas Notbremsung mit den verschiedenen Bremssystemen und variierenden Randbedingungen wie Geschwindigkeit, Beladung, Reaktionszeit etc.
Vergleiche der verschiedenen Bremswege bei unterschiedlichen Geschwindigkeiten sowie der Einfluss des Fahrzeuggewichtes auf den Bremsweg. Verdeutlichung der dabei entstehenden Restgeschwindigkeit: Wie schnell ist beispielsweise ein Fahrzeug aus 70 km/h noch an der Stelle, an der es bei 50 km/h Ausgangsgeschwindigkeit zum Stehen gekommen wäre?
Kombination von Bremsen und Ausweichen zu „BLA“ (Bremsen – Bremsen lösen – Ausweichen) und Diskussion der Ergebnisse der praktischen Versuche.
Vergleich der Notmanöver: Bremsen, Ausweichen sowie BLA und Wertung in der Gruppe.
Es folgt eine kleine Ausfahrt in die nähere Umgebung mit Rückfahrt zum Hotel. Abends Diskussion mit den Teilnehmern mit einem Ausblick auf den folgenden Tag.

Abb 5.17
Gleich geht's los. Ein sehr angenehmer Programmpunkt ist die Ausfahrt über kleine Straßen.
Schon kann einiges vom gelernten umgesetzt werden. Souveränität und Sicherheit beim Fahren wachsen.

Letzter Tag

Thema Kurvenfahren: Kurvenlinien, Gefahrenlehre (Lesen der Fahrbahn). Bestandteile einer Kurve, erkennen von möglichen Kurvenlinien und der richtigen Blickführung. Anschließend Ausfahrt in die nähere Umgebung. Abschlussbesprechung und gemeinsames Mittagessen mit Ausgabe der Teilnehmerurkunden. Abreise.

5.6 Warum sollte man sich für einen Gespannlehrgang entscheiden?

- Ein Training bietet einen didaktischen Aufbau von leicht zu schwer. Im Alleinstudium dagegen neigt der Mensch schnell dazu, mit schwierigen Dingen zu beginnen und falsches Verhalten zu erlernen.
- Nach jeder Übung wird das Ergebnis mit den Teilnehmern direkt besprochen. Dadurch ist eine genauere Selbsteinschätzung möglich.
- Unter fachkompetenter Anleitung geht der Teilnehmer eher an seine persönlichen Grenzen heran, jedoch nicht darüber hinaus.
- Durch die verschiedenen Gespanne, mit denen die Übungen gefahren werden, kann der Teilnehmer/die Teilnehmerin sofort sehen, welche Auswirkungen die unterschiedlichen Gespannkonzepte auslösen.
- Der Informationsaustausch über das Erlernte zwischen den Teilnehmern vertieft den Stoff.
- Das Training kann auch als Hilfe zur Kaufentscheidung genutzt werden. Nicht selten hört man den Spruch: „Wenn ich das vorher gewusst hätte!"
- Bei manchen Anbietern sind Kurse mit einem Leihgespann möglich. Daher kann der Interessent zunächst testen, ob es überhaupt Spaß macht, bevor er sich ein Gespann zulegt.

Abb. 5.18
Ein Gespannkurs lohnt sich nicht nur für Einsteiger. Auch Gespannfahrer mit langjähriger Erfahrung können bei den angebotenen Kursen und Lehrgängen immer wieder Neues lernen und gefahrlos auf abgesperrtem Gelände verschiedene Fahrsituationen testen.

5.7 DVR

In Deutschland hat sich der DVR (Deutscher-Verkehrssicherheits-Rat, www.dvr.de) erfolgreich bemüht, die Sicherheitstrainings auf einen einheitlichen Standard festzulegen. Allerdings beschränkt sich dies auf den Zweiradbereich. Trotzdem sollten Sie bei der Wahl eines Gespann-Sicherheitstrainings darauf achten, dass dieser Standard eingehalten wird. Einige Anbieter haben ihre Kurse auf dieser Grundlage ausgerichtet.

5.8 Erste Hilfe

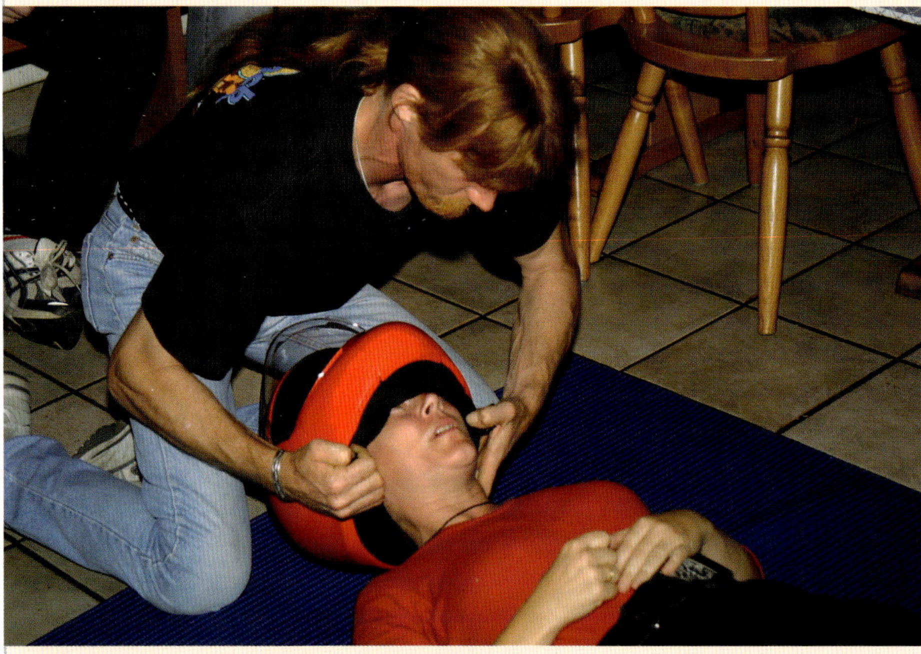

Abb. 5.19
Ein Erste-Hilfe-Kurs kann Leben retten. Ausreden zählen nicht.

Ein letztes Anliegen: Wann war Ihr letzter Erste-Hilfe-Kurs? Vor fünf Jahren, zehn Jahre, oder noch früher?
Wir hoffen immer, dass nichts passiert; und wenn, dann wird schon jemand zur Stelle sein, der hilft. Es muss ja nicht ein Fremder sein, der verunglückt. Es kann auch einen Freund treffen, die Freundin, die eigenen Kinder oder auch Berufskollegen. Mit einem immer wieder aufgefrischten Erste-Hilfe-Kurs können Sie überall helfen. Trauen Sie sich also und investieren Sie ein Wochenende, damit auch Sie helfen können, wenn Not am Mann ist.

6. Praxistipps und Grundlagen für Einsteiger

Martin Franitza

Kapitelinhalt:

SUZUKI

Abb. 6.02
Die Preisspannen sind bei den Dreirädern groß – die einmalige Freude mit dem Gespann jedoch bekommt man bei jedem Budget.

Haben Sie sich schon zum Kauf eines Gespannes entschlossen, oder sammeln Sie erst einmal nur Informationen? Dieses Kapitel soll dem Gespanneinsteiger und -neuling eine wertvolle und informative Übersicht bieten. Wertvoll, weil Uninformierte viel Geld in den Sand setzen. Informativ, weil es, anders als beim Zweirad, immer noch wenig objektives Hintergrundmaterial gibt.

Damit müssen Sie rechnen:

Ein Gespann besteht aus:
- Motorrad
- Beiwagen
- und der Konstruktion, die das Zweirad gespanntauglich macht und den Beiwagen mit der Zugmaschine verbindet.

6.1 Welches Gespann passt zu mir?

Diese Frage stellt sich jeder Einsteiger. Natürlich muss Ihnen das Gespann gefallen. Die optische Erscheinung ist zunächst eines der wichtigsten Kriterien. Doch sollten Sie Ihre Kaufentscheidung nicht allein davon abhängig machen. Obwohl man einen Gespannkauf niemals mit Vernunft erklären sollte, ist es kein Widerspruch wenn Sie mit etwas Realismus an dieses faszinierende Projekt „Gespannfahren" herangeht. Egal ob Ultrabreitreifen oder 19-Zoll-Stollenprofil – der Fahrspaß, den man nach dem Kauf erleben möchte, ist das Ziel.
Vielleicht gehören Sie auch zur Mehrheit der Motorradfahrer, deren erste Fragen lautet: Kann ich mir das leisten, kann ich mein vorhandenes Motorrad umbauen und wer macht aus meiner Solo mein Wunschgespann? Hier die Antworten: Die Preise für Umbauten beginnen bereits bei 3000 Euro, jedes Motorrad kann zum Gespann umgebaut werden und dafür bieten sich rund 30 spezialisierte Betriebe an. Sie merken sicher schon, so wirklich bringt Sie das nicht weiter. Gibt es doch allein in Deutschland über 120 verschiedene Beiwagenmodelle und haben Sie schon einmal daran gedacht ein gebrauchtes Gespann zu kaufen? Beginnen wir an der unteren Preisskala.

Ural aus Irbit

Für den rustikalen Charme sind viele empfänglich. Die Entscheidung zwischen Ural und Dnepr hat sich in den letzten Jahren eindeutig zu Gunsten der Marke Ural verschoben. Während die ukrainische Dnepr als Neufahrzeug nicht mehr angeboten wird, produziert Ural immer noch jedes Jahr ein paar tausend Gespanne. In bescheidenem (großem) Umfang trieb man werksseitig auch Modellpflegemaßnahmen voran. Auch seitens des Importeurs werden erhebliche Anstrengungen unternommen, um die Uralmodelle technisch und optisch zu verbessern. Dies schlägt sich erheblich im Preis nieder. Die Schnäppchenzeit ist vorbei, rund 10.000 Euro müssen inzwischen investiert werden.
Immer noch wird in der Uralszene eifrig gebastelt und verbessert. Ein Eldorado für Motorradfahrer, die keine Angst vor schwarzen Fingernägeln haben. Fester Bestandteil der Szene sind die sogenannten „Russentreffen". Sie dienen dem Erfahrungsaustausch, schweißen die kleine Fangemeinde zusammen, nebenbei machen natürlich die neuesten Basteltipps die Runde. Auch kommen mehr und mehr Liebhaber zur Ural, die einfach nur gemütlich am Sonntagnachmittag eine schöne Tour fahren möchten. Mit den neuen Modellen meist kein Problem. Die Käufer, die glauben mit einer Ural einen nostalgischen BMW-Ersatz zu erstehen, werden glücklicherweise immer weniger. Warnen müssen wir vor gebrauchten Gespannen ohne TÜV. Sie werden oft für eine handvoll Euro auf Veteranenmärkten angeboten. Eine Zulassung scheitert jedoch meist an den aktuellen Gesetzesvorgaben. Eine preiswürdige Alternative sind die Blechbeiwagen der Ural. Für das „Einsteigergespann" können sie durchaus eine Alternative sein.

Tipps zur Entscheidungsfindung

Schritt 1:
Leihen oder kaufen Sie sich eine Gespannübersicht. Umfangreich und komplett ist der Katalog von MOTORRAD-GESPANNE. Er beinhaltet Preise und Daten wie z. B. Sitzbreite und Verdeckhöhe. Über 100 Beiwagen sind abgebildet und im Anhang sind die Adressen der Gespannbetriebe aufgelistet. Weitere Übersichten in diesem Umfang gibt es derzeit leider nicht.

Schritt 2:
Suchen Sie im Katalog die in Frage kommenden Beiwagen und Gespanne heraus. Was gefällt Ihnen oder gehen Sie den umgekehrten Weg, streichen Sie heraus, was nicht in Frage kommt.

Schritt 3:
Informieren Sie sich, welche Gespanne gebraucht angeboten werden. Unverbindlich ist dies im Internet möglich bei den einschlägigen Handelsbörsen. Den größten Anzeigenmarkt für Gebrauchtgespanne finden Sie in der Zeitschrift MOTORRAD-GESPANNE. Auch diesen Anzeigenmarkt finden Sie im Internet. Auch Gespannhersteller und Händler haben gelegentlich Gebrauchte auf dem Hof stehen.

Schritt 4:
Aktiv werden! Geben Sie eine Kleinanzeige auf unter der Rubrik: „Suche Gespann".

Schritt 5:
Auf Motorradtreffs Gespannfahrer ansprechen und nach Tipps fragen. Informationen aus erster Hand sind die besten! Auch wenn Sie nicht zu den Treffenfahrern zählen, es lohnt sich gerade für Einsteiger sich dort umzuhören.

Schritt 6:
Nach Veranstaltern und deren Termine für Gespannfahrertrainings erkundigen.

(Sämtliche Adressen finden Sie am Buchende.)

Abb. 6.03
Das umfassende Werk für Gespanninfomationen erscheint alle vier Jahre: der MOTORRAD-GESPANNE-Katalog.

Für den Betrieb mit Beiwagen muss das Motorrad entsprechend umgebaut werden. Dazu wird häufig ein maschinenseitiger Hilfsrahmen oder Anschlusskit notwendig. Stand der Technik, aber nicht zwingend notwendig, ist die Anpassung der Fahrwerksgeometrie an den Gespannbetrieb. Dies geschieht oft durch eine geänderte Vorderradführung und den Umbau auf langlebige Autobereifung.

Von einem Gespanneigenbau raten wir ab! Nur Fachleute, die fundierte Kenntnisse im Fahrzeugbau haben, sollten sich an ein solches Abenteuer wagen.

Verhältnismäßig einfach ist für den Gespannhersteller der Umbau bei Motorrädern mit Doppelschleifen-Stahlrohrrahmen. Hier genügt in der Regel ein Hilfsrahmen, der gleichzeitig die maschinenseitigen Anschlüsse trägt. Aufwändiger sind Motorräder mit Brückenrahmen bzw. Rahmen, in welchem der Motor als tragendes Element integriert ist. Hier ist ein Hilfsrahmen erforderlich. Kostenintensiver wird der Gespannumbau, wenn das Motorrad einen Aluminiumrahmen hat. Aufwändige Verstärkungen aus Stahlrohr müssen montiert werden und oft wird der Gespannhersteller empfehlen, das Motorrad auf eine Achsschenkellenkung umzurüsten.

Gespannräder

Moderne Gespannräder werden in den Größen 15 und 14 Zoll gefertigt. Bei sportlichen Gespannen werden gelegentlich auch 13 Zoll-Räder verwendet. Sie haben eine erhöhte Radlast und sind für die im Gespannbetrieb auftretenden Kräfte ausgelegt. Fast alle Hersteller verwenden heutzutage Verbundräder. Vorteil dieser Räder: Die Felgenbreiten können individuell gewählt werden.

Sie haben drei Möglichkeiten:

1. Umbau der vorhandenen Maschine beim Händler.
2. Gespann-Gebrauchtkauf beim Händler oder privat.
3. Der Gespann-Neukauf.

6.2 Umbau der vorhandenen Maschine

Abb. 6.04
Die Gespannbetriebe sind hochspezialisiert. Nur mit viel Erfahrung seitens des Herstellers erhält der Gespannfahrer sein dreirädriges Spaßmobil.

Die erste Frage eines Einsteigers ist natürlich die nach dem Preis: „Was kostet mich der motorradseitige Umbau?" Die Preise für Bausätze beginnen bei etwa 2000 Euro, können aber auch mehr als 25.000 Euro betragen.
Der Vorteil beim Umbau: Sie kennen die Geschichte Ihres Motorrades. Der Nachteil: Meist hoher Wertverlust beim Wiederverkauf. Für einen kompletten Umbau Ihres Motorrades zum Gespann, einschließlich Beiwagen, müssen Sie mit einer Investition ab 6000 Euro rechnen. Den Aufbau eines familientauglichen Gespannes kann man ab etwa 8000 Euro verwirklichen. Der Aufbau eines modernen High-Tech-Gespannes: 10.000 Euro plus X.

6.3 Gebrauchtkauf eines Komplettgespannes

Auch hier gleich die Antwort auf die Kostenfrage vorab: Optimal wäre, man kann zwischen 7000 und 10.000 Euro anlegen.

Vorteile:
- Die vorhandene Solo bleibt einem erhalten. Man kann sie verkaufen und so die Investitionssumme senken.
- Beim Wiederverkauf ist der Wertverlust am geringsten.
- Man erhält in dieser Preisklasse schon ein technisch voll ausgestattetes Gespann.

Nachteil:
- Der technische Zustand der Zugmaschine ist für Unkundige schwer zu beurteilen.

Tipps für Käufer

Nicht unter Zeitdruck handeln

Marktsituation und Preisgefüge beobachten. Aufschluss gibt der immer noch größte Kleinanzeigenmarkt für Gebrauchte in MOTORRAD-GESPANNE. Aber auch bei www.autoscout.de oder www.mobile.de kann man fündig werden.
Nicht allein zum Besichtigungstermin gehen, sondern einen versierten Gespannfreund mitnehmen. Vier Augen sehen bekanntlich mehr als zwei, und außerdem hat man so auch gleich einen eventuellen Zeugen dabei, falls es hinterher zu Streitereien kommen sollte.

Gewährleistung

Für gewerbliche Verkäufer (Händler) gilt eine Gewährleistung von zwei Jahren, eingeschlossen natürlich Neu- und Gebrauchtfahrzeuge. Dies enthält unter anderem das Recht auf Nachbesserung. Garantie ist eine freiwillige Leistung des Verkäufers oder Herstellers, die über die zwei Jahre hinausgehen kann.
Die gesetzliche Gewährleistung darf der Händler zwar nicht ausschließen, ihre Dauer kann aber beim Gebrauchtgespannkauf verkürzt werden. Für Privatverkäufer ist eine Gewährleistung nicht vorgeschrieben. Sie können sie vertraglich ausschließen.

Beweislastumkehr nach sechs Monaten

Mit einer Beanstandung sollte man nicht allzu lange zu warten. Bei allen Mängeln, die innerhalb von sechs Monaten nach Übergabe der Ware auftreten, gilt die Vermutung, dass sie von Anfang an vorhanden waren. Der Käufer muss also nicht mehr mit dem Händler über diese Tatsache streiten. Stattdessen trägt der Verkäufer, der das Gegenteil behauptet, die Beweislast. Nach Ablauf der Sechs-Monats-Frist muss der Käufer nachweisen, dass der Mangel von Anfang an vorhanden war. Die Gewährleistung ist ein gesetzliches Recht, das vom Händler nicht eingeschränkt oder ausgeschlossen werden darf. Ausschließlich bei Verkäufen von privat an privat kann die gesetzliche Gewährleistung ausgeschlossen werden.

6.4 Der Gespann-Neukauf

Auch wenn es vielleicht manchem Gespannhändler nicht gefällt, ein neues Gespann sollte für Einsteiger nur dann eine Überlegung wert sein, wenn die Anschaffungskosten eine untergeordnete Rolle spielen.
Die Vorteile liegen auf der Hand: es ist ein NEUfahrzeug und das Wunschgespann kann individuell aufgebaut werden. Die Nachteile: Ein hoher Wertverlust beim Wiederverkauf und das nicht weg zu diskutierende Schadensrisiko bei Neulingen.
Beim Gespann-Neukauf und -Umbau sollte man dem Händler auch die Frage nach der Produkthaftung stellen. Hierzu schreibt das Produkthaftungsgesetz unter anderem auch zwingend eine Bedienungsanleitung für das Fahrzeug vor.

Abb. 6.05
Obwohl in Deutschland schon rund 40 Gespannhersteller konkurrieren, kommen in den letzten Jahren vor allem aus Frankreich neue Gespanne auf den deutschen Markt: Gespann vom Hersteller Dedome.

6.5 Gespannfinanzierung Was will ich mir leisten?

Die Macher der Zeitschrift MOTORRAD-GESPANNE waren als Aussteller bislang auf über 100 großen und kleinen Motorradmessen und -ausstellungen. Wenn neugierig blickende „Noch-nicht-Gespannfahrer“ gefragt werden ob sie auch Interesse am Gespann haben, erhalten wir oft die Antwort: „Kann ich mir nicht leisten!“ oder „Viel zu teuer!“.
In den Köpfen geistern astronomische Summen herum, die so hoch sind wie eine Mauer über die man auf keinen Fall hinüberkommt. Geht es Ihnen auch so? Wie oben schon beschrieben hat man drei Möglichkeiten: Umbau, Gebrauchtkauf und Neukauf.

Übersteigt der Preis die vorhandenen Barmittel, gibt es auch den Weg der Finanzierung. Immerhin werden mittlerweile über die Hälfte der Solo-Motorradkäufe über eine Ratenzahlung abgewickelt. Auch diesen Aspekt kann man beim Gespannkauf berücksichtigen.
Viele Händler arbeiten bereits mit Banken zusammen und haben entsprechende Angebote in der Schublade. Doch wie bei jedem Kauf: vergleichen lohnt sich!
Die Konditionen der einzelnen Banken liegen teilweise weit auseinander.

6.6 Kinder im Boot

Abb. 6.06
Quitschfidel geht es in diesem Beiwagen zu. Hier hat der Gespannpapa einiges am Boot verändert, damit auch alle mitfahren können.

Nach einer Leserbefragung der Zeitschrift MOTORRAD-GESPANNE ist das Argument „Ich möchte auch meine Kinder mitnehmen“ zu über fünfzig Prozent der Grund zum Kaufentscheid eines Gespannes. Die Erfahrungen und Überlegungen von Eltern und Großeltern,

die in der Zeitschrift MOTORRAD-GESPANNE beschrieben wurden, haben wir hier für Sie zusammengefasst. Es sind keine verbindlichen Verhaltensmaßregeln.
Ist erst einmal der Nachwuchs unterwegs, stellen sich die Eltern die Fragen: Gibt man das geliebte Hobby Motorradfahren auf, fährt man jetzt alleine oder legt man sich ein Gespann zu?
Mehr und mehr Motorradfahrer überlegen, ob Sie ihrem Großvaterbonus beim Enkel eine Krone aufsetzen möchten. Vermutlich kann sich jeder leicht vorstellen, was passiert, wenn ein Kind mit dem Gespann vom Kindergarten abgeholt wird: „Opa ist der Größte."

Will man Hobby und Familiensinn unter einen Hut bekommen, bleibt eigentlich nur die Entscheidung pro Gespann übrig. Doch sofort tauchen die nächsten Fragen auf: Ab wann ist mein Kind beiwagentauglich? Welcher Helm? Gurte ja oder nein? Welche Kleidung ist empfehlenswert?
Die Entscheidung, wann das Kind alt genug für den Beiwagen ist, obliegt natürlich den Eltern. Individuelle Verhältnisse spielen eine große Rolle. Während das eine Kind Gefallen daran findet, dass die Umwelt an ihm vorbeizieht, fühlt sich das andere durch Wind- und Motorengeräusche belästigt. Das Sprichwort: „Zuviel des Guten ist ungesund" trifft auch beim Gespannfahren zu. Ein langsames Eingewöhnen ist für uns der Schlüssel zum Erfolg, um später auch längere Fahrten durchführen zu können.
Kinder sollten schon zwei Jahre alt sein, bevor man sie zum ersten Mal im Beiwagen mitnimmt. Am besten ganz kurze Ausflüge machen, auf dem Schoß eines Erwachsenen. Der direkte Kontakt zu einem Elternteil ist wichtig. So fühlen sich die Kinder geborgen, und der Erwachsene bemerkt sofort, wenn dem Kind das Gespannfahren nicht gefällt.
Viele Eltern verzichteten zunächst auf einen Sturzhelm, da es für so kleine Köpfe noch keine passenden Helme gibt. Die Nackenmuskulatur ist noch zu schwach um den Helm tragen zu können. Von den Beschleunigungskräften beim Bremsen ganz zu schweigen. Leichte Go-Kart- oder Fahrrad-Helme, die praktisch nur aus einer Styroporschale bestehen, kann man auch verwenden. Die kleinste erhältliche Helmgröße ist 46.
Abhängig von der Kopfform, passt sie etwa ab dem dritten Lebensjahr. Nach der Eingewöhnungsphase sollte man unbedingt einen dem Alter entsprechenden Kindersitz im Beiwagen montieren. Wichtig ist, dass der Sitz oder gar die Rückhaltegurte nicht am Beiwagenrahmen, sondern am Bootskörper befestigt werden. Sollte bei einem Unfall der meist nur punktuell auf dem Rahmen montierte Bootskörper aus den Halterungen gerissen werden, kann dies, bei am Rahmen befestigtem Sitz, fatale Folgen haben. Ab dem vierten Lebensjahr kann dann eine Sitzschale mit Gurten im Boot montiert werden
Der Sitz sollte so hoch montiert sein, dass die Sicht nach vorn vom Polyesterunterteil der Frontscheibe nicht eingeschränkt wird. Wenn Kinder im Beiwagen nach kurzer Zeit meckern, liegt es vielleicht daran, dass sie zu tief sitzen und außer dem bunten Teppichboden im Boot nichts anderes sehen können. Das würde uns Erwachsenen auch nicht gefallen.
Bei der Kleidung greift man auf das altbewährte Zwiebelsystem zurück: T-Shirt, Sweatshirt, Anorak. So kann man sie mit zunehmender Wärme oder bei Pausen entsprechend entschalen. Eine teure Lederkombi, die nach kurzer Zeit nicht mehr passt, ist nicht notwendig. Kurze Hosen im Sommer sind nicht zu empfehlen.

Wo soll das Kind sitzen, innen oder außen? Hinsichtlich Geräuschentwicklung und Beladung ist der Außenplatz besser. Jedoch ist das Argument des passiven Unfallschutzes beim Innenplatz nicht von der Hand zu weisen.
Trotz allem Spaß birgt ein Gespann auch Gefahren. Da sei nur an den heißen Auspuff oder die klappbare Frontscheibe erinnert. Ein Gespann ist kein Spielzeug, zumindest nicht für Kleinkinder, die sich da und dort einzwicken oder einklemmen können.

Abb. 6.07 Natürlich ist das Kleine auch dabei.

Das Fahren

Die Theorie haben wir nun durch – fahren wir los! Kinder im Boot erfordern eine andere Tourenplanung. Pausen sollte man dort einlegen, wo auch für Kinder gesorgt ist und sie ihrem natürlichen Bewegungsdrang nachgehen können. Optimal sind Raststätten mit einer Hüpfburg. Viele Gasthäuser haben im Garten Spielgeräte.

Neues entdecken: Unter der Devise kann man auf Touren auch mal ein Picknick an einem Kinderspielplatz machen. Unter freiem Himmel schmeckt's besser, und nachdem sich die Kids ausgetobt haben, steigen sie auch wieder gern ins Boot. Während der Fahrt sorgt man dafür, dass die Kleinen im Boot reichlich zu trinken haben. Und damit die Kleinen sich rundherum wohlfühlen, muss natürlich auch das Lieblingskuscheltier oder Lieblingsspielzeug Platz finden.
Berücksichtigt man die Belange der Kinder, kann eigentlich beim Gespannfahren nichts schief gehen, und die geplante Tour oder der Urlaub wird für alle ein Erlebnis. In der Zeitschrift MOTORRAD-GESPANNE sind bislang Dutzende von tollen Reise- und Tourenberichten mit Kindern beschrieben worden.

6.7 Der Beiwagen macht das Gespann

Was auch immer Sie wollen, Sie werden es bekommen. Denn die Gespannhersteller und Händler haben ebenso ihren Spaß an der Kreativität wie wir Gespannfahrer. Über 120 verschiedene Beiwagen werden in Deutschland angeboten. Touren,- Sport,- Enduro- oder Familienbeiwagen, mit oder ohne Verdeck, nostalgische Nachbauten in Blech oder Polyester, Einsitzer oder Zweisitzer, flache Flundern oder hochbeinige Reisegestelle. Und sollten sich ihre individuellen Vorstellungen in der ungeheuren Vielfalt nicht wider spiegeln, so wird ein neues Modell entwickelt.
Der Beiwagen muss dem geplanten Einsatzzweck entsprechen. Sitzen überwiegend Kinder im Boot, ist auf Wetterschutz und Sicherheit zu achten. Soll das dritte Rad allerdings nur als Anhängsel über den Nürburgring hetzen, so sind Kofferraumvolumen oder Hochverdeck sekundär. Dann stehen niedriger Schwerpunkt, aerodynamische Form und ausreichend Platz für den Passagier zum Turnen im Vordergrund.

Abb. 6.08
Edelstahlbeiwagen (Schmid) robust und selten. Vom Preis und Gewicht unterscheiden sie sich kaum von herkömmlichen Booten.

Beiwagen werden entweder aus Blech oder Kunststoff hergestellt. Aus Blech sind vor allem nostalgische Nachbauten gefertigt. Die gesamte Steib-Palette über Royal- und Stoye-Beiwagen sind heute noch als Nachbau lieferbar. Ein moderneres Outfit bietet zum Beispiel die Firma Heigl, die in ihre Blechbeiwagen auch gleich das Fahrwerk integriert. Eine Ausnahmeerscheinung sind die Beiwagen aus Edelstahl der Firma Schmid. Die heute gefertigten Blechboote haben eine einfache Form, die kostengünstig zu produzieren ist. Sie werden ausschließlich handwerklich in kleinen Serien gefertigt.

Glasfaserverstärkte Kunststoffe haben das Blech seit den 60er Jahren verdrängt. Damit lassen sich moderne Formen herstellen und Polyester rostet nicht. Auch die Seitenwagen aus Kunststoff lassen sich gut reparieren und können bei Beschädigungen in Fachbetrieben repariert werden.
Die holländische Firma TripTeq etablierte erfolgreich einen weiteren Werkstoff in die Gespannszene: einen Kunststoff mit der Bezeichnung ABS. Die Bootshälften werden im Tiefziehverfahren aus Kunststoffplatten gefertigt. Komplizierte Bootsformen sind nicht möglich. Aber das Produktionsverfahren senkt den Preis.

Für Fahrstabilität und Komfort ist die richtige Abstimmung des Federbeines am Beiwagen unerlässlich. Wichtig ist vor allem, dass auch im unbeladenen Zustand ein Negativ-Federweg vorhanden ist.

An einer Beiwagenbremse darf nicht gespart werden. Im Gegensatz zu den 80er Jahren ist die Bremse bei den meisten Modellen heute Standard. Ob Trommel- oder Scheibenbremse liegt bei manchen Beiwagentypen nicht in der Entscheidung des Kunden.

Der Komfort des Beiwagensitzes ist ein wichtiges Kriterium bei der Entscheidung für ein Beiwagenmodell. Aufwändig sind Schalensitze, die teilweise individuell aufgepolstert werden. Billig sind Holzplatten mit Schaumstoffunterlage und Überzug, sie sehen meist akzeptabel aus, für längere Touren braucht hier der Mitfahrer jedoch eine hohe Leidensfähigkeit. Die Innenseiten eines Beiwagens werden je nach Form entweder mit Teppichboden ausgekleidet oder mit steckbaren Innenverkleidungen versehen. Eine zusätzliche Gummimatte am Boden schützt die Innenraumverkleidung vor Nässe und Verschmutzung.

Abb. 6.09
Nichts ist unmöglich. Ein Rollergespann aus der Werkstatt der Firma MOTEK.

Es gibt Beiwagen, in die kommt man gut hinein, jedoch nur mit sehr viel Mühe wieder heraus. Andere bieten mit entsprechenden Einstiegsklappen oder -türen mehr Komfort. Wichtig bei Einstiegsklappen ist eine Sicherung, die ein unbeabsichtigtes Zufallen der Klappe verhindert, letzteres gilt auch für den Kofferraumdeckel. Die Öffnung sollte groß genug sein, um auch etwas größere Taschen verstauen zu können. Wenn man keinen Integralhelm im Kofferraum hineinbekommt, so ist die Öffnung definitiv zu klein.

Abb. 6.10
Ein Schmuckstück. Hier von Lasten-Beiwagen zu sprechen wird diesem Boot sicher nicht gerecht (Sidecar One, Mayerle).

Fast alle Beiwagen mit Platz für einen Passagier sind mit einem sogenannten Verdeck ausgestattet. Sei es nun ein Leerverdeck, das nur die Öffnung des Beiwagens abdeckt, oder das Hoch- oder Wetterverdeck, unter dem ein Passagier vor Regen geschützt Platz findet.
Verdecke sind in zwei Materialqualitäten an Gespannen zu finden. Von reiswertem Kunstleder ist dringend abzuraten. Es dehnt sich und ist deswegen kaum passgenau zu verarbeiten.
Besser sind Verdecke aus sogenanntem Cabriostoff. Diese Stoffe sind stabil, lichtecht und wasserdicht und können passgenau verarbeitet werden. Die Gespannhersteller verwenden überwiegend Stoffe, wie sie auch an Cabrios verarbeitet werden.
Die unterschiedlichen Konstruktionen von Hochverdecken werfen auch Fragen auf. Wie schwierig ist der Ein- bzw. Ausstieg des Passagiers bei montiertem Verdeck? Vorteile bieten zum Beispiel jene Beiwagen, bei denen das entsprechende Beiwagenoberteil komplett nach vorn oder hinten zu öffnen ist. Bei solchen aufwändigen Konstruktionen kann das Verdeck montiert bleiben.
Sogenannte Lasten-Beiwagen, die ausschließlich dem Gepäcktransport vorbehalten sind und jahrzehntelang in der Versenkung verschwunden waren, haben seit der Vorstellung des Sidecar One oder des Beaver wieder an Beliebtheit gewonnen. Neu sind sogar Umbausätze, die aus einem Lastenboot mit wenigen Handgriffen einen Beiwagen für einen Passagier machen.

Und so schließt sich der Kreis der Beiwagenvielfalt. Als Wahlhelfer bei der Entscheidung für ein Beiwagenmodell dient der MOTORRAD-GESPANNE-Katalog. In diesem Werk sind alle Beiwagen mit ihren Abmessungen und technischen Daten abgebildet.
Martin Franitza

6.8 Hunde im Beiwagen

Hundebesitzer wissen es: Der Familienbegriff ist dehnbar und nicht allein auf Kinder beschränkt. Welcher Tierliebhaber würde nicht behaupten, dass der Hund zur Familie gehört? Wenn nun Hundebesitzer auch noch dem Hobby Motorradfahren frönen, könnte es ein Problem geben. Der Hund muss zu Hause bleiben. Und wer kann schon den Anblick ertragen, wenn treue Hundeaugen einen traurig anblicken?
Der Hund als Passagier im Beiwagen bekommt einen immer höheren Stellenwert. Das bestätigt auch Andreas Zech von der Gespannbaufirma Walter: „Fast in jedem zweiten Gespann, das wir aufbauen, fährt ein Hund mit, und wir müssen im Boot entsprechende Haltevorrichtungen montieren."

Abb. 6.11
Das haben Hunde gern: immer die Schnauze im Wind.

Die Anforderungen, einen Hund im Beiwagen mit zu nehmen, sind gestiegen. Es reicht nicht, das Tier einfach in den Beiwagen springen zu lassen. Die Kurvendynamik eines Gespannes einzuschätzen lernen Hunde sehr schnell. Sie lehnen sich dann gegen die Fliehkraft. Aber damit der Hund bei Notbremsungen nicht aus dem Beiwagen geschleudert wird, sichern die Besitzer den Vierbeiner mit einem Geschirr. Das ist nicht anders als beim Auto. Die Sicherungsleinen sind lang genug, um die Bewegungsfreiheit nicht einzuschränken, andererseits aber so kurz, dass der Hund nicht aus dem Beiwagen fallen kann. Die Hersteller von Motorrädern mit Beiwagen haben hierfür die richtigen Lösungsvorschläge. Der Trend,

die Hobbys Motorrad und Hund zu vereinen, ist seit einigen Jahren ungebrochen. Es werden mittlerweile sogar spezielle Beiwagen für den Hundetransport angeboten. Die Ausstattung reicht dann bis zur Klimaanlage.
Der Hund liebt das Gespannfahren oder, konkreter, den Fahrtwind. Nur allzu gern hängt er den Kopf aus dem Beiwagen und lässt sich den Wind um die Nase wehen. Das birgt allerdings auch die Gefahr von Augenentzündungen. Eine Brille bietet Schutz – und es sieht einfach affenstark aus.
Warum nicht auch die schönsten Wochen des Jahres in vierbeiniger Begleitung verbringen?

Info kompakt:

Jeder gesunde Hund ist unabhängig von Alter und Größe zum Gespannfahren geeignet. Für die Konstruktion des Beiwagens gilt es nur die Vorschriften des STVZO zu beachten. Tiere sind nach der deutschen Gesetzeslage Sachen, insofern bedürfen Sie bestenfalls einer Transportsicherung, um andere nicht zu gefährden.

Renommierte Gespannhersteller können mit einer CO-Messung nachweisen, dass in den Beiwagen keine Abgase hineinziehen. Die Befestigungspunkte für ein Geschirr lässt man sich am besten auch vom Hersteller empfehlen. Hundebrillen sind wegen der Zugluft empfehlenswert, die liefert der Fachhandel.

Bei Reisen ins Ausland sind die Bestimmungen des Reiselandes zu beachten. Für Reisen in Mitgliedsstaaten der EU ist der EU-Heimtierpass Pflicht. In einigen Ländern muss bei der Einreise ein amtstierärztliches Gesundheitszeugnis vorgelegt werden, das erst unmittelbar vor Reiseantritt ausgestellt sein darf. Die Mitnahme eines Hundes in einem Motorrad mit Beiwagen ist entgegen mancher Meinung keine Tierquälerei. Im Gegenteil: Der Hund ist am Geschehen beteiligt und nicht so abgeschieden und allein wie in einem Pkw-Anhänger, der zudem direkt im Abgasstrom des Auspuffs liegt.

Abb. 6.12
Selbstverständlich sind wir überzeugt, dass es für ältere Hunde auch Brillen in passender Sehstärke gibt.

6.9 Auf Abgas achten

Wenn wir von Abgasen reden, meinen wir das gefährliche Kohlenmonoxid (CO). Es ist ein unangenehmes Thema, aber gerade deswegen muss man auf diese mögliche Gefahr hinweisen: Schläft das Kind im Beiwagen auf Grund des gleichmäßigen Motorengeräusches oder hängen sie so schlaff herum, weil der Abgasstrom ständig an ihrer Nase vorbeistreicht?
Viele verantwortungsbewusste Eltern haben sich schon diese Frage gestellt und vielleicht vergeblich nach einer Antwort gesucht. Die Zeitschrift MOTORRAD-GESPANNE misst seit vielen Jahren mit einem entsprechenden CO-Messgerät den Kohlenmonoxid-Gehalt in Beiwagen; CO deswegen, weil es ein besonders tückisches Gas ist. Das Messgerät liefert zunächst nur Werte. Sie in eine definierte Aussage umzumünzen, ist jedoch nicht so einfach.
Die Ergebnisse schwanken aber derart, dass keine allgemeinen Aussagen möglich sind. Es kommt immer darauf an ob mit oder ohne Packtaschen, Verkleidung, Topcase gemessen wird. Auch die Größe des Fahrers, Höhe der Beiwagenscheibe usw. spielen eine Rolle. Wenn Sie auf Nummer sicher gehen wollen, leihen Sie sich ein Messgerät bei einem Gespannhersteller und überprüfen Sie, ob ein Teil des Abgasstroms sich im Beiwagen ausbreitet.

Gegenmaßnahmen bei Bedarf

- Gummischürze unter den Beiwagen. Die unter dem Beiwagen hindurchströmende Luft braucht eine Abrisskante.
- Gerade bei hohen Scheiben entsteht dahinter während der Fahrt ein Unterdruck. Scheibe kürzen oder durch Lüftungsklappen gleichen Druckausgleich herstellen. Abhilfe schaffen können auch verstellbare Windabweiser bzw. -umlenker.
- Auf eine linksseitige Auspuffanlage umrüsten. Wenn das nicht möglich ist, mit einem Rohr den Auspuff verlängern. Eine günstigere Variante ist, wenn man über Rohrbogen unter dem Nummernschild den Abgasstrom vom beiwagenseitigen Auspufftopf auf die linke Maschinenseite leitet. Es versteht sich von selbst, dass der Auspuffquerschnitt nicht verengt werden sollte. Aus dem Sanitärbereich bieten sich verchromte Messingrohre an, die es schon mit 90 Grad Bögen zu kaufen gibt.

GESPANNFAHRER-SHOP
• Bücher, Expertenwissen
• Magazine, Zeitschriften
• T-Shirts, Fleece
• Aufkleber
... und jede Menge Spaß!
Was du schon immer über Gespanne wissen wolltest
Fragen & Antworten
Gibt es etwas, was du über Gespanne nicht weißt? 500 Fragen rund um Gespanne werden hier beantwortet. Ein unentbehrliches Nachschlagewerk für alle Gespanninteressierten.
nur € 9,-
T-Shirts, versch. Motive
ab € 19,90
SIDECARS
THE BETTER MOTORCYCLES
Mit Spaß dabei
Ja, ich fahre auch bei gutem Wetter
Aufkleber, versch. Motive
je € 1,90
Fachbücher für Praktiker
„Motorrad-Gespanne im Eigenbau – Band 1" wendet sich vor allem an die Schrauber und Wissbegierigen unter uns. Es ist vollgestopft mit Tipps und Tricks aus der Praxis zum Thema Anschlusstechnik. Band 2 beschreibt, wie sich Umbauten mit modernen Motorrädern sicher planen und realisieren lassen.
Motorrad-Gespanne im Eigenbau
Band 1 € 17,50
Band 2 € 29,50
Die Gespannabdeckplane für den Innenbereich. Weiches Mischgewebe, atmungsaktiv
Farbe: Blau € 69,-
MOTORRAD GESPANNE
KATALOG 2018
HERSTELLER | DATEN | PREISE | ADRESSEN
Der aktuelle Gespannkatalog
Der Gespann-Katalog beinhaltet die umfangreichste Zusammenstellung von Komplettgespannen, Beiwagen und Umbausätzen mit Preisen, Daten, Kurzvorstellungen und den Adressen der Gespannhersteller.
€ 14,90
MOTORRAD-GESPANNE
Aktuelle und ältere Ausgaben
je € 7,50
Alle Preise zzgl. Versandkosten.
MOTORRAD GESPANNE
Noch über 100 weitere Gespannartikel unter:
www.motorrad-gespanne-shop.de
Stand: 2017

6.10 Gespannadressen

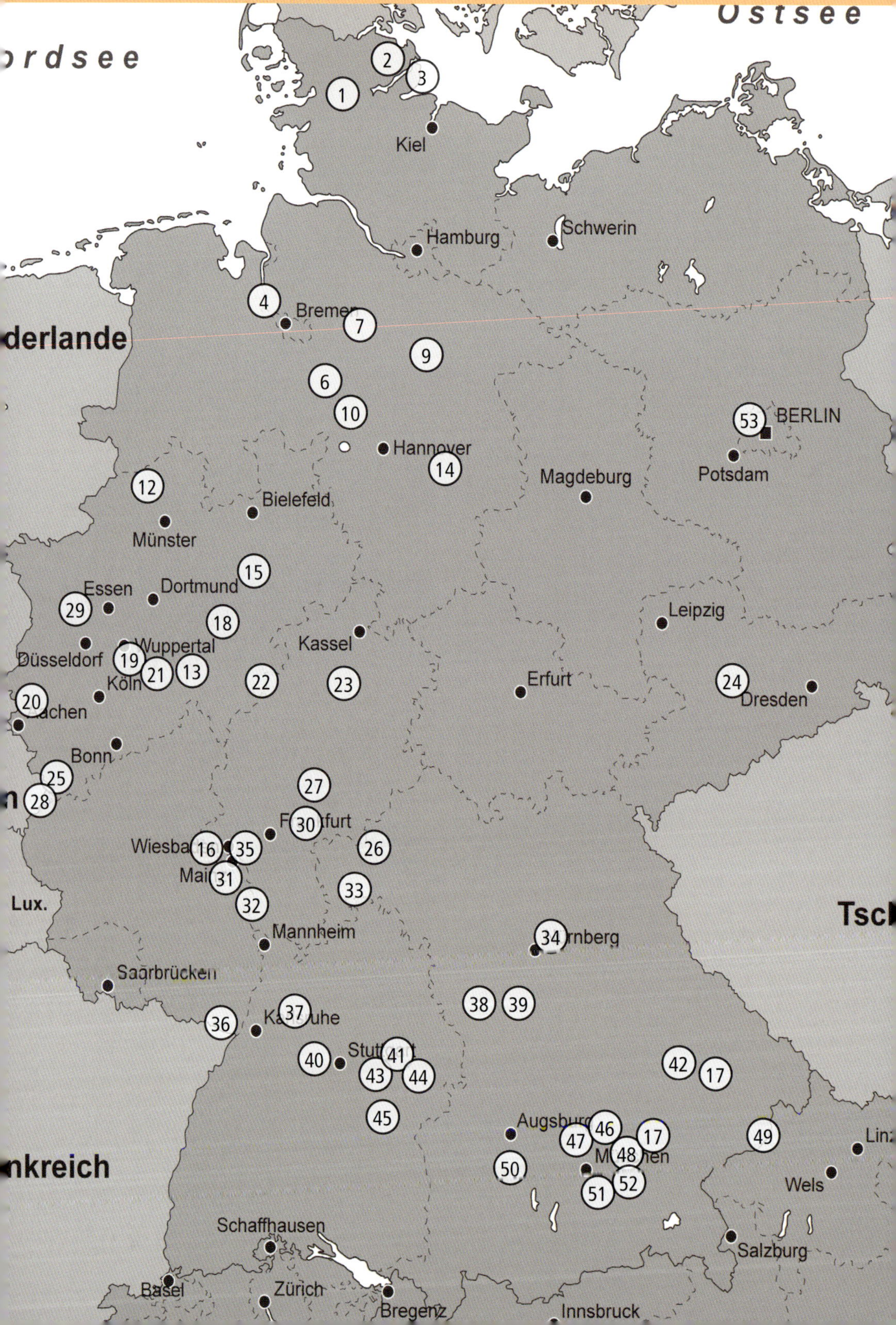

1) STAHMER
T: 0 48 48/2 69
www.stahmer-nf.de

2) KALETTA
T: 0 46 41/98 87 40
www.roadrunner-motorradgespanne.de

3) MÜLLER-GESPANNE
www.sauer-sidecar.de

4) JOY-TEK, T: 0 44 05/45 05
www.joy-tek.de

6) KMS, T: 0 57 67/19 15
www.kms-motorrad.de

7) WARNKE, T: 0 47 46/17 67
www.ural.de

9) BALS, T: 0571-35921
www.bals-bmw.de

10) SIDECON, T: 05763/942671
www.sidecon.de

12) DOBBEN & STEINBUSS
T: 0 59 23/15 18
www.wing-world.de

13) BODE, T: 0 27 53/59 83 03
www.bode-sidecars.de

15) V-TRIEBWERK, T: 0 52 44/7 88 85
www.v-triebwerk.de

16) HARTMANN, T: 06132/899400
www.gespann-hartmann.de

17) LIBERTY, T: 0 87 34/9 22 30
www.hd-reh.com

18) BERGLAR, T: 0 23 73/7 73 44
www.gespanntechnik.de

19) HEDINGHAM, T: 02 12/58 61 60
www.schmidt-gespannbau.de

20) FAVORIT, T: 02 41 / 5 68 45 20
www.favorit-sidecars.de

21) STEIB, T: 0 21 91/5 30 68
www.motorrad-stemler.de

23) WALTER, T: 0 56 83/72 71
www.walter-motorrad-gespanntechnik.de

24) JAWA, T: 0 37 22/96 461
www.jawa-motorcycles.com

25) TORNADO
Otto Hermeling
T: 0 26 97/12 11

26) BÜLTER
T: 0176/521 436 29
www.gespannbau-buelter.de

27) LEFÈVRE, T: 06 41/28 645

28) MÄRZ, T: 0 65 51/44 04
www.gespann-f-maerz.de

29) FASSBENDER
T: 0 21 51/78 79 63
www.motorrad-fassbender.de

30) HU, T: 0 60 45/95 26 45
www.hu-sidecars.de

31) HGT, T: 0 61 32/5 88 08
www.hgt-gespanne.de

32) OTT
T: 0 62 43/90 87 77
www.ott-gespannbau.de

33) ZWEIRAD NORTON
T: 0 60 22/68 17 06
www.zweirad-norton.de

34) HMS
T: 0 91 51/95 923

35) Bauhs
T: 0 21 96/63 78

36) RÖMER
T: 0 72 73/32 10
www.roemerteam.de

37) KALICH, T: 0 72 52/95 81-77
www.kalich.de

38) DÄSCHLEIN, T: 0 98 22/75 56
www.daeschlein.de

39) MOTEK, T: 0 91 72/66 91 71
www.motek.de

40) ef-tech, Jochen Brett
T: 0 70 41/81 43 55
www.dnepr.de

41) TROIKA, T: 0 71 81/7 77 05
www.heidenwag-gespannbau.de

42) STERN, T: 0 94 23/90 22 14
www.stern-gespannservice.de

43) MOBEC, T: 0 71 61/3 21 41
www.mobec.de

44) SCHÖNE LINIE
T: 0 73 33/95 49 53
www.schoene-linie.de

45) RUKO
T: 0 71 23/16 23 40
www.ruko-fahrzeugtechnik.de

46) IWAN-BIKES
T: 0 84 41/27 99 508
www.iwan-bikes.de

47) ULI JACKEN, T: 0 81 35/16 00
www.side-bike.de

48) RSR, T: 0 87 62/725 23 55
www.rsr-sidecar.de

49) LÖW, T: 0 85 33/8 19
www.seitenwagen.cc

50) SK, T: 0 82 04/3 62
www.gespanntechnik-schmid.de

51) HÉCHARD, T: 0 89/46 08 95 40
www.krossline.de

52) HEIGL, T: 0 80 92/85 31 39
www.heigl-fritz.de

53) IDEAL, T: 0 30/6 18 62 58
info@ideal-seitenwagen.de

6.11 Hersteller, Importeure und Vertriebsstützpunkte*

ARMEC

Hersteller

Aregger-Mechanik AG
Lohrensäge
CH-6020 Emmenbrücke
Telefon (0041)0 41/2 80 75 00
info@armec.ch
www.armec.com

Importeur Deutschland
→ Mobec

BALS

Hersteller

Heinz Bals
Unter den Eichen 28a
32423 Minden
Telefon 05 71/3 59 21
hbals@bals-bmw.de
www.bals-bmw.de

BERGLAR

Hersteller

Gespanntechnik Berglar
In den Telgen 46
58730 Fröndenberg-Hohenheide
Telefon 0 23 73/7 73 44
info@gespanntechnik.de
www.gespanntechnik.de

BODE

Hersteller

Gespannbau Thomas Bode
Zur Hauptmühle 2
57339 Erndtebrück
Telefon 0 27 53/59 83 03
bode-sidecars@t-online.de
www.bode-sidecars.de

VITUS BÜLTER

Hersteller

Frankfurter Straße 44
61279 Grävenwiesbach/Ts.
Telefon 0176/521 436 29
info@gespannbau-buelter.de
www.gespannbau-buelter.de

DÄSCHLEIN

Hersteller

Gespannbau Theo Däschlein
Ansbacher Straße 57
91572 Bechhofen
Telefon 0 98 22/75 56
info@daeschlein.de
www.daeschlein.de

DEDOME

Hersteller

Dedome Side-Cars
Z.I. Les Franchises
Rue de la Poudrière
F-52200 Langres
Telefon (0033)03 25/84 74 74
www.dedome-sidecars.com

Vertrieb Deutschland

→ Ott

DOBBEN & STEINBUSS

Hersteller

Dobben & Steinbuss Fahrzeug GmbH
In den Bergen 105
48465 Schüttdorf-Samern
Telefon 0 59 23/15 18
info@wing.world.de
www.wing-world.de

EGLI

Hersteller

Egli Motorradtechnik AG
Hauptstraße 14/15
CH-5618 Bettwil
Telefon (0041)0 56/6 67 23 60
info@egli-racing.ch
www.egli-racing.ch

EML

Hersteller

W-Tec B.V.
Handelsweg 4
NL-7161 BV Neede
Telefon (0031)05 45/29 21 54
info@emlsidecar.com
www.emlsidecar.com

Vertrieb Deutschland

→ Mobec
→ Ott

Motorrad Fassbender
Hafelstraße 246
47809 Krefeld
Telefon 0 21 51/78 79 63
info@motorrad-fassbender.de
http://www.motorrad-fassbender.de

Zweirad Stahmer
Meiereistraße 4-8
25873 Rantrum/Husum
Telefon 0 48 48/2 69
zweirad-stahmer@t-online.de
www.stahmer-nf.de

EZS

Hersteller

EZS Engbers Zijspan Service
Brinkweg 15 A
NL-7021 BV Zelhem
Telefon (0031)03 14/62 18 49
www.ezs-sidecar.com
info@ezs-sidecar.com

Vertrieb Deutschland

→ Bode
→ Römer-Team
→ Müller-Gespanne
→ Stern Gespannservice

FAVORIT

Hersteller

NOVACOM GmbH, PB: FAVORIT
Dresdener Str. 12
52068 Aachen
Telefon 02 41 / 5 68 45 20
info@novacomposites.de
www.favorit-sidecars.de

FRONTALLINI

Vertrieb Deutschland

→ Walter-Motorrad-Gespann-Technik

FURAX

Vertrieb Deutschland

→ Mobec GmbH

GLOBE

Importeur Deutschland

Gespannbau Theo Däschlein
Ansbacher Straße 57
91572 Bechhofen
Telefon 0 98 22/75 56
info@daeschlein.de
www.daeschlein.de

HARTMANN

Falk Hartmann
Altengasse 4 – 6
55218 Ingelheim
Telefon 06132/899400
www.gespann-hartmann.de
info@gespann-hartmann.de

HÉCHARD
Vertrieb Deutschland
Krossline
Klaus Kross
Gronsdorfer Str. 3 – 5
85540 Haar
Telefon 0 89/46 08 95 40
info@krossline.de
www.krossline.de

HEDINGHAM
Vertrieb Deutschland
Uwe Schmidt
Allestraße 4
42653 Solingen
Telefon 02 12/58 61 60
www.schmidt-gespannbau.de
info@schmidt-gespannbau.de

HEIGL
Hersteller
Fritz Heigl
Aßlkofen 4
85560 Ebersberg
Telefon 0 80 92/85 31 39
info@heigl-fritz.de
www.heigl-fritz.de

HERMELING
Hersteller
Otto Hermeling
Steinstraße 35
53945 Freilingen
Telefon 0 26 97/12 11
Telefax 0 26 97/2 28

HGT
Hersteller
HGT Horst Hartmann
Am Bahnhof
55262 Heidesheim-Uhlerborn
Telefon 0 61 32/5 88 08
kontakt@hgt-gespanne.de
www.hgt-gespanne.de

HU
Hersteller
Horst Ullrich
Obertorstraße 32
63688 Gedern-Wenings
Telefon 0 60 45/95 26 45
hu-sidecars@t-online.de
www.hu-sidecars.de

IDEAL
Hersteller
Ideal Seitenwagen
Köpenicker Straße 8a
10997 Berlin
Telefon 0 30/6 18 62 58
info@ideal-seitenwagen.de
www.ideal-seitenwagen.de

IWAN-BIKES
Hersteller
Iwan-Bikes GmbH
Raiffeisenstr. 24
85276 Pfaffenhofenan der Ilm
Telefon 0 84 41/27 99 508
bernhard.peintner@iwan-bikes.de
www.iwan-bikes.de

JAWA
Vertrieb Deutschland
Handelsagentur F. Dittmann
Obere Dorfstr.4
09236 Claußnitz
Telefon 0 37 22/96 461
service@jawa-motorcycles.com
www.jawa-motorcycles.com

JEANIEL
→ Walter

JEWELL
→ Walter

Joy-Tek

Joy-Tek-Motorrad-Gespannservice
Manfred Dettmers
Schepser Damm 3a
26188 Edewecht
Tel. +49 (4405) 45 05
Fax. +49 (4405) 46 64
www.joy-tek.de
Email: info@joy-tek.de

KALETTA

Hersteller

Erich Kaletta
Schleswiger Straße 64g
24392 Süderbrarup
Telefon 0 46 41/98 87 40
roadrunner-motorradgespanne@t-online.de
www.roadrunner-motorradgespanne.de

KALICH

Hersteller

Ralph Kalich
Motorradgespanne
Hirschgarten 5
75053 Gondelsheim
Telefon 0 72 52/95 81-77
info@kalich.de
www.kalich.de

KMS

Hersteller

Achim Kindermann
Meßwinkel 44
31606 Warmsen
Telefon 0 57 67/19 15
info@kms-motorrad.de
www.kms-motorrad.de

LBS

Hersteller

LBS-zijspantechniek
Ad Donkers
Christoffelstraat 17
NL- 5422 AA Elsendorp
Telefon (0031)04 92 / 36 30 77
www.lbs-zijspantechniek.nl
info@lbs-zijspantechniek.nl

Vertrieb Deutschland

→ Stern

LEFÈVRE

Hersteller

Walter Lefèvre
Langer Morgen 20
35582 Wetzlar
Telefon 06 41/28 645
walter.lefevre@t-online.de

LIBERTY

Hersteller

Pete Larsen
2310 Rainier Ave, S.
USA-98144 Seattle WA

Importeure Deutschland

Norbert Pfeiffer
Werver Mark 123
59174 Kamen-Heeren
Telefon 0 23 07/4 17 95

Motorrad Reh
Schreinerstraße 1
94419 Reisbach
Telefon 0 87 34/9 22 30
hd-reh@t-online.de
www.hd-reh.com

LÖW

Hersteller

Motorradtechnik Löw GmbH
Florianstraße 2
94148 Kirchham/Schambach
Telefon 0 85 33/8 19
loew@tronicplanet.de
www.seitenwagen.cc

MÄRZ

Hersteller

Zweirad Technik F.März GmbH
St.-Vither-Straße 43
45595 Prüm-Niederprüm
Telefon 0 65 51/44 04
f.maerz@web.de
www.gespann-f-maerz.de

MOBEC

Hersteller

Mobec GmbH
Stuttgarter Straße 139
73066 Uhingen
Telefon 0 71 61/3 21 41
mobec@t-online.de
www.mobec.de

MOTEK

Hersteller

MOTEK
Zeppelinstraße 46
91187 Röttenbach an der B 2
Telefon 0 91 72/66 91 71
motek@t-online.de
www.motek.de

MÜLLER-GESPANNE

Hersteller

Müller-Gespanne
Elleruher Weg 2-4
24398 Brodersby
Telefon 0 46 44/8 93
info@mueller-gespanne.de
www.sauer-sidecar.de

NAN CHANG

Österreich und Schweiz
Egli Motorradtechnik AG
Hauptstraße 14/15
CH-5618 Bettwil
Telefon (0041)0 56/6 67 23 60
info@egli-racing.ch
www.egli-racing.ch

OTT

Hersteller

Michael Ott
Mölsheimer Str. 2
67592 Flörsheim-Dalsheim
Telefon 0 62 43/90 87 77
info@ott-gespannbau.de
www.ott-gespannbau.de

ÖTTL

Hersteller

Gespanntechnik Andreas Öttl
Unterlacken 29
A-4101 Feldkirchen
Tel. (0043)0650/4979801
oettl@gespanntechnik.at
www.gespanntechnik.at

PROHI

→ Löw

RÖMER

Hersteller

Römer-Team Motorrad GmbH
Industriestraße 9
76767 Hagenbach
Telefon 0 72 73/32 10
info@roemerteam.de
www.roemerteam.de

RSR

Hersteller

RSR GmbH
Am Kleinfeld 4
85456 Wartenberg
Telefon 0 87 62/725 23 55
rudi@rsr-sidecar.de
www.rsr-sidecar.de

RUKO
Hersteller
Ruko-Fahrzeugtechnik
Gutenbergstraße 12
72555 Metzingen
Telefon 0 71 23/16 23 40
info@ruko-fahrzeugtechnik.de
www.ruko-fahrzeugtechnik.de

SAHIB
Hersteller
→ Heigl

SAUER
→ Müller-Gespanne

SCHÖNE LINIE
Hersteller
Jürgen Mayerle
Täferroter Straße 9
73527 Schwäbisch Gmünd
Telefon 0 73 33/95 49 53
www.schoene-linie.de
schoene-linie@web.de

SIDE-BIKE
Hersteller
Side-Bike
2521 Route du Tram
F-38690 Colombe
Telefon (0033)04/76 06 55 40
mail@side-bike.com
www.side-bike.com

Vertrieb Deutschland:
Zweirad Stahmer
Meiereistraße 4-8
25873 Rantrum/Husum
Telefon 0 48 48/2 69
zweirad-stahmer@t-online.de
www.stahmer-nf.de

Zweirad Norton
Bachstraße 32
63863 Mömlingen
Telefon 0 60 22/68 17 06
norbert.bliss@t-online.de

Uli Jacken
St.-Peter-Straße 5
85253 Welshofen
Telefon 0 81 35/16 00
uli.jacken@t-online.de
www.side-bike.de

Vertrieb Schweiz
Motos AG Werner Lüscher
CH-8867 Niederurnen
Telefon (0041)0 55/6 10 31 31
luescher@swissonline.ch
www.linthcom.ch/luescher

SIDECON
Hersteller
Heino Gniza
Jenhorst 19
31604 Raddestorf
Telefon 0 57 63/94 26 71
info@sidecon.de
www.sidecon.de

SK
Hersteller
Karl Schmid
Zirken 2
86866 Mickhausen
Telefon 0 82 04/3 62
info@gespanntechnik-schmid.de
www.gespanntechnik-schmid.de

SQUIRE
Hersteller
Watsonian-Squire Ltd.
Northick-Business Centre, Blockley
Nr. Moreton-in-Marsh
GB-GL56 9RF Gloucestershire
www.watsonian-squire.com

Vertrieb Deutschland
→ Stern

STEIB

Hersteller

Motorrad Stemler GmbH
Garschager Heide 29
42899 Remscheid
Telefon 0 21 91/5 30 68
info@motorrad-stemler.de
www.motorrad-stemler.de

STERN

Hersteller

Stern Gespannservice
Inhaber Helmut Hermann
Bahnhofstraße 3
94333 Geiselhöring
Telefon 0 94 23/90 22 14
stern@gespannservice.de
www.stern-gespannservice.de

STOYE

Hersteller

→ Walter

TRIPTEQ

Hersteller

Enschedestraat 210
NL-7552CL Hengelo
Telefon 0 74/2 50 48 93
info@tripteq.com
www.tripteq.com

Vertrieb Deutschland:

→ Motek
→ Bode
→ Löw

Joy-Tek Manfred Dettmers
Schepser Damm 3a
26188 Edewecht
0 44 05/45 05
info@joy-tek.de
www.joy-tek.de

Uli Jacken
St.-Peter-Straße 5
85253 Welshofen
Telefon 0 81 35/16 00
uli.jacken@t-online.de
www.side-bike.de

TORNADO

Hersteller

Otto Hermeling
Steinstraße 35
53945 Freilingen
Telefon 0 26 97/12 11
Telefax 0 26 97/2 28

TROIKA

Hersteller

Heidenwag-Gespannbau
Schornbacher Platz 5
73614 Schorndorf
Telefon 0 71 81/7 77 05
heidenwag@t-online.de
www.heidenwag-gespannbau.de

URAL

Hersteller/Importeur

Ural Motorcycles GmbH
Richard Wagner Straße 19
A-4040 Linz
Telefon (0043)07 32/24 55 01
office@ural.at
www.ural.at
www.ural.cc

VELOREX

→ Jawa

V-TRIEBWERK

Hersteller

V-Triebwerk Manfred Klocke
Industriestraße 9b
33397 Rietberg
Telefon 0 52 44/7 88 85
www.v-triebwerk.de

WALTER
Hersteller
Walter-Motorrad-Gespann-Technik
Zur Weißen Brücke 4a
34590 Wabern-Harle
Telefon 0 56 83/72 71
www.walter-motorrad-gespanntechnik.de
walter-motorradgespanntechnik@web.de

WARNKE
Vertrieb Deutschland
Jörg Warnke Fahrzeugtechnik
Am Steingrab 14
27628 Lehnstedt
Tel. 0 47 46/17 67
www.ural.de
j.warnke@ural.de

WASP
Vertrieb Deutschland
Otto Hermeling
Steinstraße 35
53945 Freilingen
Telefon 0 26 97/12 11
Telefax 0 26 97/2 28

WATSONIAN
Hersteller
Watsonian-Squire Ltd.
Northick-Business Centre, Blockley
Nr. Moreton-in-Marsh
GB-GL56 9RF Gloucestershire
www.watsonian-squire.com

Vertrieb Deutschland
→ Stern

W-TEC
Hersteller
→ EML

Gespannrelevante Adressen

Steib-Ersatzteile und Nachbauten
Peter Bornowski
Höhenweg 1
91578 Leutershausen-Jochberg
Tel. 0 98 23/83 05

Stemler Motorrad GmbH
Garschager Heide 29
42889 Remscheid
Tel. 0 21 91/53 067

Stoye und AWO
Andy´s Garage
Andreas Seipelt
Apollostraße 13
12526 Berlin
Tel. 0 30/6 76 11 00

Kali-Teile und Kali-Nachbauten
Jürgen Roth
Hauptstr. 11
64850 Schaafheim
Tel. 0 60 73/7 40 60 80
Roth-kali-sw@gmx.de
www.kali-sw.de

Italienische Beiwagen sowie HD- und Indian-Nachbauten
Walter-Gespann-Technik
Zur weißen Brücke 4 a
34590 Wabern-Harle
Tel. 0 56 83/72 71

Englische Beiwagen

Charnwood Classic Restaurations
107 Central Road
Hugglescote
Coalville, Leicester
England
Tel. (0044) 15 30/83 23 57

Anschlussteile

Edmund Peikert
Dasnöckel 83
42329 Wuppertal
Telefon 02 02/73 46 27

Bauhs
Neuenhöhe 117
42929 Wermelskirchen
Tel. 0 21 96/63 78

Oldtimerreifen

Münchener Oldtimer-Reifen GmbH
www.oldtimerreifen-mor.de

Behindertenumbauten

Roland Herbig
Grensstraat 25
NL-6464 EM Kerkrade
Tel. (0031) 45 54 62 09
www.r-herbig.de

Willi Költgen
Oberbenrader Str. 407
47804 Krefeld
Tel. 0 21 51/70 12 36
www.koeltgen.de

Gepann-Zeitschrift

MOTORRAD-GESPANNE
Syburger Verlag GmbH
Hertinger Str. 60
59423 Unna
Tel. 0 23 03/9 85 50, Fax 0 23 03/9 85 59
info@motorrad-gespanne.de
www.motorrad-gespanne.de

Gespann-Bücher

Syburger Verlag GmbH
Hertinger Str. 60
59423 Unna
Tel. 0 23 03/9 85 50
Fax 0 23 03/9 85 59
shop@motorrad-gespanne.de
www.motorrad-gespanne-shop.de

Auspuffanlagen

BSM: www.bsm-auspuff.de
Remus: www.phoenix-motorrad.de
Sebring: www.sebring.de

Bd-Deutschland
Karl Reisslandt
Nelkenstraße 58
41066 Mönchengladbach
Tel. 0 21 61/1 27 87
www.bd-deutschland.de
reisslandt@t-online.de

Reifen

Firma Immler
Blaichacher Str. 11
87509 Immenstadt-Neumummen
Tel. 0 83 23/66 02

Heidenau
www.reifenwerk-heidenau.de

RäMo
Roland Schmid
Karlstraße 13
72351 Geislingen/bei BL
Tel. 074 28/15 13
www.motorradsitzbau.de

Schuller
Antriebskettentechnik
www.enuma.de

Bremsbeläge

STS Reibbelag GmbH
Am Schürmannshütt 26 a
47441 Moers,
Tel. 0 28 41/17 84 36
www.sts-friction.de

Lenkungsdämpfer

www.toby.be

Stütz Turbolader
Siegfried Stütz
Ketteler Str. 15
76863 Herxheim
Tel. 0 72 76/79 79

Stoßdämpferspezialisten

Bilstein
Mobec-Teilevertrieb
Stuttgarter Straße 139
73066 Uhingen
Tel. 0 71 61/32 141
www.bilstein-motorrad.de

Wilbers Products
Alfred-Mozer-Str. 84
48527 Nordhorn
Tel. 0 59 21/72 71 70
www.wilbers.de

Fournales
FOURNALES SUSPENSION SA
23, ZA Ribaute
F-31130 Quint-Fonsegrives
Tel. 00 33/(0) 561/24 75 24
www.fournales.fr

Ikon-Stoßdämpfer
Kimphi Kfz-Teile GmbH
Tel. 02 41/18 23 29 6
Fax 02 41/18 23 29 5
kimphi@ikonshocks.com

Öhlins
Firma Zweirad Zupin
Werner-von-Siemens-Str. 8
83301 Traunreut
Tel. 0 86 69/84 8-0

Kinderbekleidung und Nützliches

Motorrad-Kinderbekleidung
Inge Kandziora
Simpert-Krämer-Str. 32
86476 Edelstetten
Tel. 0 82 83 / 26 83

Motorrad-Kinderland
Ralf Kühl
Sternstr. 11
85452 Moosinning
Tel. 0 81 23 / 99 00 23

Timos Motorradwelt
Achim Schmid
Bärenbachhof 1
73084 Salach
Tel. 0 71 61 / 65 98 20
www.timosmotorradwelt.de

Möllering
Konrad Möllering
Lindenstraße 1
31177 Harsum/OT Borsum
Tel. 0 51 72/48 38
www.motorradgarage.de

Muhl
Bernt Muhl
Pinnbarg 11
21423 Patensen
Telefon 0 41 73/50 16 89 3
info@muhl-motorrad.de
www.muhl-motorrad.de

Radspannereien

Fa. Böhm
Hauptstraße 176
09618 Großhartmannsdorf
Tel. 03 73 29/71 637

Fa. Josef Fleckenstein
Mühlgasse 1
97717 Euerdorf
Tel. 0 97 04/63 48

Fa. Köhler
Insel Oberau
56133 Fachbach/Lahn
Tel. 0 26 03/93 34 60

Fa. Straub
Lagerhausstr. 10
96157 Ebrach
Tel. 0 95 53/16 89

Fa. SWC
Schuckertstr. 2
71254 Ditzingen
Tel. 0 71 56/39 99 9

Gespann-Herstellerverband

Bundesverband der Hersteller und Importeure von Krafträdrn mit Beiwagen (BVHK)
www.bvhk-gespannHerstellerverband.de

Bundesverband der Motorradfahrer

(BVDM)
www.bvdm.de

* (Stand: 2009)

Auf den Hund gekommen?

Anbieter von Hundebrillen:
Optik Weis, Mollnerstraße 2A, 35418 Buseck, Tel. 06408/2687, www.optik-weis.de
Reinhold Optik, Kaiser-Franz-Platz 1, A-5630 Bad Hofgastein, Tel. 0043/(0)6432/7964

Onlineshops:
http://zooplus-onlineshop.de/hundebrille/
http://www.allerlei-fuers-tier.de
http://www.dog-goes.com/
http://www.hunde-huette.com
http://www.hundesonnenbrille.de/
http://www.allesfuerdenhund.net/de/pg_8.html
http://www.rudis-brillen.de/index2.htm

Medizinischer Bericht über Hundesonnenbrillen:
http://www.city-butler.com/html/medizinischer_bericht.html

Abenteuer
drittes Rad
... in deiner Gespannfahrer-Zeitschrift!
Alle zwei Monate neu!
• ausführliche Testberichte
• Tipps und Tricks
• mitreißende Fahrberichte
• aktuelle Termine und Veranstaltungen
• faszinierende Reportagen
... und vieles mehr!
MOTORRAD GESPANNE
MOTORRAD GESPANNE
FAHRBERICHT:
LBS-HONDA
VT 1100 C / BOXER
VORSTELLUNG:
MÜLLER-BMW
R 850 R / BRUNO
VORSTELLUNG:
RPS MOTO GUZZI
GRISO / T-ROD
VORSTELLUNG:
KALICH-BMW
R 1200 R / SWING COMET
Jetzt im Abo bestellen: Tel. 0931 4170427,
gespanne@datam-services.de. Im Inland nur 43,- € inkl. Versand
(Ausland: 47,- €) für sechs Ausgaben pro Jahr
Einzelhefte bestellen: www.motorrad-gespanne-shop.de
Stand: 2017